<<<<

>>>> 丁展　王健　赵振江　等编著

数控技术与编程

江苏大学出版社
JIANGSU UNIVERSITY PRESS

镇 江

>>>>

图书在版编目(CIP)数据

数控技术与编程 / 丁展等编著. — 镇江：江苏大学出版社，2022.8
ISBN 978-7-5684-1750-1

Ⅰ.①数… Ⅱ.①丁… Ⅲ.①数控机床－程序设计 Ⅳ.①TG659

中国版本图书馆 CIP 数据核字(2021)第 255337 号

数控技术与编程

Shukong Jishu yu Biancheng

编　著/丁　展　王　健　赵振江　等
责任编辑/郑晨晖
出版发行/江苏大学出版社
地　　址/江苏省镇江市京口区学府路 301 号(邮编：212013)
电　　话/0511-84446464(传真)
网　　址/http://press.ujs.edu.cn
排　　版/镇江市江东印刷有限责任公司
印　　刷/广东虎彩云印刷有限公司
开　　本/787 mm×1 092 mm　1/16
印　　张/13.5
字　　数/320 千字
版　　次/2022 年 8 月第 1 版
印　　次/2022 年 8 月第 1 次印刷
书　　号/ISBN 978-7-5684-1750-1
定　　价/49.00 元

如有印装质量问题请与本社营销部联系(电话：0511-84440882)

前　言

2019年国务院颁布的《国家职业教育改革实施方案》进一步提出"一大批普通本科高等学校向应用型转变"的发展目标。本书是根据应用型本科人才培养目标的要求,结合行业标准和编者在数控技术与编程方面的教学与实践经验,以着重培养数控工程技术人才为目标而编写的。

数控技术是现代制造业实现自动化、柔性化、集成化生产的基础,是先进制造技术的强力支柱。数控技术、数控装备和数控专业人才已成为体现国家综合国力水平的重要基础性指标,是衡量国家制造业现代化程度的核心标志。我国的数控技术在国家的强力支持下,已经取得了显著的成就,开发出了具有自主知识产权的数控系统和数控平台。本书以数控技术和华中数控系统编程为主要内容,以新时代工匠精神为指导思想,以机械零件或类似的工件为载体,注重提升学生分析和解决生产实际问题的能力。本书的实用性较强,可作为高等院校数控技术专业的教材,以及相关专业人员学习的参考用书。

本书分为8章,从数控机床的基本概念切入,重点阐述数控加工工艺分析、数控程序编制、数控加工实践操作等内容,包括数控机床的基本知识、数控机床的硬件结构、数控车床的编程方法等。本书由丁展、王健、赵振江等编著,编写人员及其分工如下:丁展编写第1章;王健编写第2章;赵振江编写第3章;李扬编写第4章;万浩和张熠飞编写第5章;刘峰和宋向前编写第6章;王临茹和郭沁涵编写第7章;泰州机电高等职业技术学校的印艺庆编写第8章;泰州职业技术学院的周琳编写附录。

由于作者的水平和经验有限,书中难免存在疏漏之处,恳请广大读者批评指正。

编著者

2022年4月

Contents

目　录

第1章 数控机床编程基础

数控机床集现代精密机械、计算机、通信、液压气动、光电等多学科技术为一体,具有高效率、高精度、高自动化和高柔性等优点,是当代机械制造业的主流装备。

本章主要介绍数控机床的基本概念,以及数控机床编程坐标系相关知识。

 ## 1.1 数控机床的基本概念

学习目标

了解数控技术的基本概念及其发展;熟悉数控加工的特点;了解数控机床的组成;掌握数控机床的工作原理;了解数控机床的分类。

1.1.1 数控技术的基本概念及其发展

1. 数控技术

数字控制(numerical control,NC)技术简称数控技术,是使用数字化信息,按给定的工作程序、运动轨迹和速度,对控制对象进行控制的一种技术。现代数控技术综合运用了微电子、计算机、自动控制、精密测量、机械设计与制造等技术的最新成果,在许多领域得到了越来越广泛的应用。

现代数控系统是采用微处理器或专用微机的控制系统,由事先存放在存储器里的系统程序来实现控制逻辑,以及部分或全部数控功能,并通过接口与外围设备进行连接,因此称为计算机数控(computer numerical control,CNC)系统。

2. 数控机床

数控机床(numerical control machine tools)是用数字化信号对机床的运动及其加工过程进行控制的机床,或者说是装备了数控系统的机床。它是一种技术密集程度及自动化程度都很高的典型机电一体化加工设备,是数控技术与机床相结合的产物。

3. 数控加工

数控加工是指在数控机床上进行零件加工的一种工艺方法,数控加工的实质就是数控机床按照事先编制好的加工程序,对零件进行自动加工的过程。

4. 数控技术的产生与发展

数控机床是为了满足现代生产对机械产品日趋精密复杂且改型频繁、生产效益大发展等需求而研制的。自1952年美国帕森斯公司与美国空军合作,研制出第一台数控铣

床之后,人们对数控技术的研究、改进和应用取得了很大的发展。一般数控系统按其发展历程可分为以下六代:

① 1952 年的第一代——电子管计算机组成的数控系统;

② 1959 年的第二代——晶体管计算机组成的数控系统;

③ 1965 年的第三代——小规模的集成电路计算机组成的数控系统;

④ 1970 年的第四代——小型计算机数控系统;

⑤ 1974 年的第五代——微处理器组成的数控系统;

⑥ 1990 年的第六代——基于 PC 的数控系统。

在数控系统不断更新换代的同时,数控机床的结构、产品规格也得到不断发展。1958 年,美国卡尼-特雷克公司研制出带自动换刀装置的加工中心(machining center)。20 世纪 60 年代末,出现了由一台计算机直接控制和管理数台数控机床的计算机数控系统,即直接数控(direct numerical control,DNC)系统。1976 年,出现了由多台数控机床连接而成的可调加工系统,是以网络为基础、面向车间的开放式集成制造系统,即柔性制造系统(flexible manufacturing system,FMS)。20 世纪 80 年代初,出现了以 1~3 台加工中心为主体,再配上工件自动装卸的可交换工作台及监控检验装置构成的柔性制造单元(flexible manufacturing cell,FMC)。20 世纪 90 年代末,出现了集市场分析、经营决策、产品设计及制造、生产管理、销售等于一体,借助于计算机集成管理和控制的计算机集成制造系统(computer integrated manufacturing system,CIMS)。

目前,数控机床已经广泛应用于宇航、汽车、船舶、机床、轻工、纺织、电子、通用机械、工程机械等制造行业。

5. 数控机床加工的特点

与普通机床加工相比,数控机床加工具有如下优势:

① 柔性加工程度高。在数控机床上加工工件,其工艺主要取决于加工程序。与普通机床加工不同,数控机床加工不必制造、更换许多模具、夹具等,一般不需要很复杂的工艺装备,也不需要经常调整机床,可以通过编程把形状复杂和精度要求较高的工件加工出来,因此能大大缩短产品的研制周期。

② 自动化程度高。数控机床的加工过程是按输入程序自动完成的。一般情况下,操作者主要进行程序的输入和编辑、工件的装卸、刀具的准备、加工状态的监测等工作,而不需要进行繁重的、重复性的手工操作,劳动强度和紧张程度可大为减轻,相应地改善了劳动条件。

③ 加工精度高。数控机床是高度综合的机电一体化产品,具有较高的定位精度,机床的传动系统与机床的结构具有很高的刚度和热稳定性。在设计传动结构时采取了减少误差的措施,并进行补偿,所以数控机床具有较高的加工精度。一般数控机床的定位精度为±0.01 mm,重复定位精度为±0.005 mm。更重要的是,数控加工精度不受工件形状及复杂程度的影响,这是普通机床无法比拟的。

④ 加工质量稳定可靠。由于数控机床本身具有较高的重复定位精度,并按照程序自动完成加工,消除了操作过程中的各种人为误差,因而提高了同批工件加工尺寸的一致性,使加工质量稳定,产品的合格率较高。一般来说,只要工艺设计和程序正确、合理,并

按操作规程操作,就可实现加工质量的长期稳定可靠。

⑤ 生产效率高。由于数控机床具有良好的刚性,允许进行强力切削,主轴转速和进给量的允许范围都较大,可以更合理地选择切削用量,而且空行程采用快速进给,从而节省了机动和空行程时间。数控机床加工时能在一次装夹中加工出很多待加工部件,既省略了通用机床加工时的辅助工序,也大大缩短了生产准备时间。此外,由于数控加工一致性好,整批工件一般只对首件进行检验即可,节省了测量和检验时间,因此其综合效率比普通机床加工有明显提高。如果采用加工中心,就可以实现自动换刀、工作台自动换位、在一台机床上完成多道工序、缩短半成品周转时间,生产效率的提高将会更加明显。

⑥ 经济效益良好。改变数控机床的加工对象时,只需要重新编写加工程序,不需要制造、更换工具和夹具,更不需要更新机床,可节省大量工艺装备费用。由于数控加工精度高、质量稳定、废品率低,使得生产成本下降、生产效率提高,因此能够获得良好的经济效益。

1.1.2　数控机床的组成

数控机床一般由数控系统、伺服系统(包含伺服电动机和检测反馈装置)、主传动系统、强电控制柜、机床本体和各类辅助装置组成。

现代数控机床的数控系统采用模块化结构,伺服系统中的伺服单元和驱动装置是数控系统中的一个子系统,输入/输出装置是数控系统中的一个功能模块,所以现在的观点认为数控机床主要由计算机数控系统和机床本体组成,如图 1-1 所示。

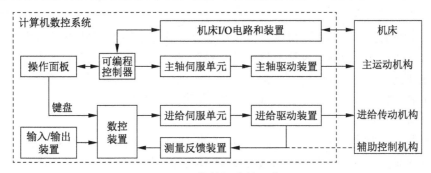

图 1-1　数控机床的组成

1. 输入/输出装置

数控机床在进行加工前,需要将控制介质上记载的零件加工程序通过输入装置输入数控系统中,然后才能根据输入的加工程序控制机床运行,从而加工出所需的零件。同时,数控系统需要通过输出装置将暂时不用的零件加工程序存储或备份到外部存储器。早期的数控机床常采用穿孔纸带、磁带等控制介质。现代数控机床常用磁盘或半导体存储器等控制介质;或者不用控制介质,而直接由操作人员通过手动数据输入(manual date input,MDI),即用键盘输入零件加工程序,或采用计算机通信技术进行零件加工程序的输入/输出。输入/输出装置是机床与外部设备的接口,目前常用的主要有纸带阅读机、磁盘驱动器、RS232C 串行通信接口、MDI 手动输入装置、网卡和读卡器等。

2. 操作装置

操作装置是数控系统提供给操作者控制机床运作的平台，也是机床操作者与数控系统进行信息交互的平台。机床操作者一方面可以通过它对数控机床进行操作、编程、程序调试，以及对机床参数进行设定和修改；另一方面可以通过它了解或查询数控机床的运行状态。操作装置主要由显示装置、NC 键盘、机床控制面板（machine control panel，MCP）、状态灯和手持单元(手摇脉冲发生器)等组成。

3. 数控系统

数控系统是机床实现自动加工的核心，数控机床中所有控制命令都是由数控系统发出的。主控制系统的硬件结构与计算机的主板类似，主要由 CPU、存储器、控制器等组成。数控系统接收从输入装置输入的数字信息，这些数字信息经由数控系统中的控制软件和逻辑电路进行编译、运算和逻辑处理后，生成相应的控制指令或电位信号，这些控制指令和电位信号再经过输出接口输出给伺服系统、主轴驱动和强电控制柜，从而控制机床各个部件有条不紊地工作。

4. 伺服系统

伺服系统是数控系统与机床本体之间的电传动联系环节，主要由伺服电动机、驱动控制系统以及位置检测反馈装置组成。伺服电动机是系统的电气执行元件，驱动控制系统是伺服电动机的动力源，数控系统发出的位置指令信号与位置检测反馈信号进行比较后，将其差值作为驱动控制系统的输入位移指令信号，并经驱动控系统功率放大后，驱动伺服电动机运转，伺服电动机通过联轴器带动机械传动装置拖动工作台或刀架运动。

5. 测量反馈装置

测量反馈装置主要用于对机床坐标轴的位置和移动速度的测量，即对机床坐标轴的实际运动速度、方向、位移量及加工负荷进行检测，把检测结果转化为电信号反馈给数控装置，通过比较，计算出实际位置与指令位置之间的偏差，并发出纠正误差指令。测量反馈装置通常安装在机床的工作台、丝杠或伺服电动机的端部。

6. 机床本体

机床本体是指数控机床机械结构实体，它既是数控系统的控制对象，也是实现制造加工的执行部件。与普通机床相比，数控机床具有如下特点：

① 进给传动采用高效传动部件，具有机械传动链短、结构简单、传动精度高等特点，一般采用滚珠丝杠副、直线滚动导轨副等部件。

② 使用高性能主传动及主轴部件，具有传递功率大、刚度高、抗震性好、热变形小等优点。

③ 具有完善的刀具自动交换和管理系统。在加工中心类机床上工件一次装夹后，一般需要完成多个加工工序，这就要根据不同的加工工序选择不同的加工刀具，故机床应具有自动换刀机构。

④ 床身机构具有很高的动、静刚度。

⑤ 采用全封闭罩壳。由于数控机床是高度自动化的加工设备，为了确保操作人员的安全，一般采用移动门结构的全封闭罩壳对机床的加工部位进行全封闭。

1.1.3 数控机床加工的工作原理

当使用机床加工零件时,通常需要对机床的各种动作进行控制,一是控制动作的先后次序,二是控制机床各运动部件的位移和运动速度。采用数控机床加工零件时,只需要将零件图形和工艺参数、加工步骤等以数字信息的形式,编成程序代码输入机床控制系统中,再由其进行运算处理转换成驱动伺服机构的指令信号,从而控制机床各部件协调动作,自动地加工零件。当更换加工对象时,只需要重新编写加工程序,即可由数控装置自动控制加工的全过程,制造出不同的零件。数控机床加工的工作原理如图 1-2 所示。

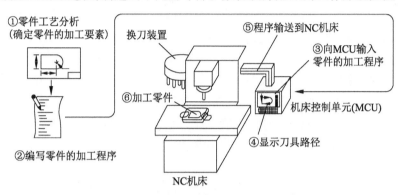

图 1-2 数控机床加工的工作原理

数控机床在加工时,先根据零件图样进行工艺分析,确定工艺方案,再依据数控系统的规定指令,编制零件的加工程序。视零件结构的复杂程度,可以采用手工或计算机编程,程序较简单时,可以直接在机床操作面板的输入区域操作;程序较复杂时,可在装有编程软件的计算机上进行编程,经过相应的后置处理,生成加工程序,再通过车床控制系统上的通信接口或其他存储介质,把生成的加工程序输入机床的控制系统中。进入数控装置的信息,经过一系列处理和运算转变成脉冲信号。有的信号送到机床的伺服系统,通过伺服机构处理后传递到驱动装置,使刀具和工件严格执行零件加工程序规定的运动;有的信号送到可编程控制器(PLC),用以控制车床的其他辅助运动,如主轴和进给运动的变速、液压或气动装置、冷却液开关等。

1.1.4 数控机床的分类

1. 按工艺用途分类

数控机床按工艺用途可分为以下几类:

① 金属切削类,如数控车床、数控铣床、数控钻床、数控镗床、数控磨床等。

② 金属成形类,如数控折弯机、数控弯管机、数控压力机等。

③ 特种加工类,如数控线切割机、数控电火花线切割机、数控激光切割机等。

④ 其他类,如数控等离子切割机、数控三坐标测量机等。

2. 按运动轨迹控制分类

数控机床按运动轨迹控制可分为点位控制数控机床、直线控制数控机床和轮廓控制数控机床。

（1）点位控制数控机床

这类数控机床的数控装置只控制刀具从一点到另一点的准确定位,移动过程中不进行加工,对两点间的移动速度及运动轨迹没有严格的要求,可以沿多个坐标同时移动,也可以沿各个坐标先后移动,如图 1-3a 所示。为了减少移动时间和提高终点位置的定位精度,一般先快速移动,当接近终点位置时,再降速缓慢趋近终点,以保证定位精度。采用点位控制的数控机床有数控钻床、数控坐标镗床和数控冲床等。

（2）直线控制数控机床

这类数控机床不仅要控制点的准确定位,而且要控制刀具或工作台以一定的速度沿着与坐标轴平行的方向进行切削加工。机床应具有主轴转速的选择控制、切削速度与刀具的选择及循环进给加工等辅助功能,如图 1-3b 所示。

（3）轮廓控制数控机床

这类机床能够对两个或两个以上运动坐标的位移及速度进行连续相关控制,使合成的平面或空间的运动轨迹能满足零件轮廓的要求,如图 1-3c 所示。其数控装置一般要求具有直线和圆弧插补功能、主轴速度控制功能及较全的辅助功能。这类机床用于加工曲面、凸轮及叶片等复杂形状的零件。轮廓控制数控机床主要有数控铣床、数控车床和数控磨床等。

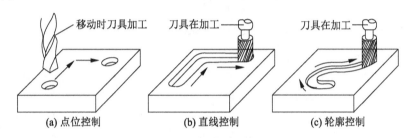

图 1-3　按运动轨迹控制分类的数控机床

3. 按伺服系统分类

数控机床按伺服系统的控制方式可分为开环数控机床、闭环数控机床和半闭环数控机床。

（1）开环数控机床

开环数控机床通常没有位置检测元件,使用步进电动机作为执行元件。数控装置输出的指令脉冲经步进电动机驱动器放大后,驱动步进电动机旋转相应的角度,再通过传动机构带动机床工作台移动,如图 1-4 所示。

开环数控机床受步距精度和传动精度的影响,难以实现高精度加工,但由于系统结构简单、成本低、技术容易掌握,目前仍有应用。

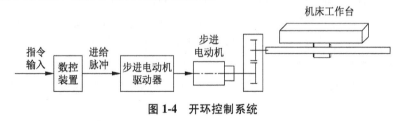

图 1-4　开环控制系统

（2）闭环数控机床

闭环数控机床的数控装置先将位置指令信号与位置检测元件测得的机床工作台实际位置反馈信号进行比较后,根据差值及指令进给速度的要求,转换得到进给伺服驱动系统的速度指令信号;然后利用与伺服电动机同轴连接的测速元件实测伺服电动机的转速,得到速度反馈信号,并与速度指令信号相比较,得到速度误差信号,再对伺服电动机的转速进行校正,如图 1-5 所示。闭环伺服系统利用位置控制和速度控制两个回路,可以获得比开环伺服系统精度更高、速度更快、驱动功率更大的特性指标。闭环伺服系统的位置检测元件安装在执行部件上,用以实测执行部件的位置或位移。

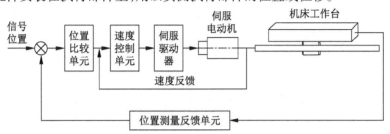

图 1-5　闭环控制系统

（3）半闭环数控机床

半闭环数控机床将位置检测元件安装在伺服电动机的端部或安装在传动丝杠端部,间接测量执行部件的实际位置或位移,如图 1-6 所示。它可以获得比开环伺服系统更高的精度,但其位移精度比闭环伺服系统的要低。由于其位置检测元件安装方便、调试简单,因而现在大多数数控机床采用半闭环伺服系统。

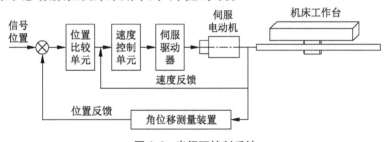

图 1-6　半闭环控制系统

 1.2　机床坐标系

学 习 目 标

　　了解右手笛卡儿坐标系的概念;掌握机床坐标轴的判断方法;了解机床坐标系与工件坐标系的区别;熟悉绝对坐标系与相对坐标系的概念。

1.2.1 机床坐标系及其运动方向的规定

1. 右手笛卡儿坐标系

机床的一个直线进给运动或一个圆周进给运动定义一个坐标轴。我国标准《工业自动化系统与集成机床数值控制 坐标系和运动命名》（GB/T 19660—2005）（与国际标准 ISO 841:2001 等效）中规定,数控机床的坐标系采用右手笛卡儿坐标系,即直线进给运动用直角坐标系 X、Y、Z 表示,常称为基本坐标系。X、Y、Z 坐标的相互关系用右手定则确定,拇指表示 X 轴,食指表示 Y 轴,中指表示 Z 轴,三个手指自然伸开,互相垂直,各手指的指向为各个轴的正方向,并分别用$+X$、$+Y$、$+Z$ 表示(见图 1-7a)。围绕 X、Y、Z 轴旋转的圆周进给运动坐标轴分别用 A、B、C 表示,其正向根据右手螺旋定则确定,拇指指向 X、Y、Z 轴的正方向,四指弯曲的方向为圆周进给运动的正方向,并分别用$+A$、$+B$、$+C$ 表示,如图 1-7 所示。

数控机床的进给运动是相对运动,有的是刀具相对于工件运动,有的是工件相对于刀具运动。如果工件不运动,刀具相对于工件做进给运动,那么坐标系如图 1-7b,c 所示。如果刀具不运动,工件相对于刀具运动,那么坐标系用加“′”的字母表示(见图1-7d)。工件运动的坐标系的正方向与刀具运动的坐标系的正方向相反,但两者的加工结果是一样的。因此,编程人员在编写程序时,可采用工件不动、刀具相对运动的原则编程,不必考虑机床的实际运动形式。

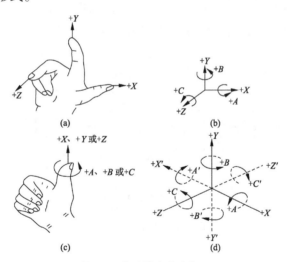

图 1-7 右手笛卡儿坐标系

2. 机床坐标轴的确定方法

(1)确定 Z 坐标轴

① 规定机床的主轴为 Z 坐标轴,取刀具远离工件的方向为其正方向($+Z$)。

② 对于没有主轴的机床,则规定垂直于工件装夹表面的坐标轴为 Z 坐标轴。

③ 如果机床上有几根主轴,就选择垂直于工件装夹表面的一根主轴作为主要主轴, Z 坐标轴即为平行于主要主轴的轴线。

（2）确定 X 坐标轴

① 规定 X 坐标轴为水平方向,且垂直于 Z 坐标轴并平行于工件的装夹面。

② 对于工件旋转的机床(如车床、外圆磨床等),X 坐标轴的方向在工件的径向上,且平行于横向滑座,取刀具远离工件的方向为 X 坐标轴的正方向。

③ 对于刀具旋转的机床(如铣床、镗床等),则规定:

a. 当 Z 坐标轴为水平轴时,从刀具主轴后端向工件看,向右方向为 X 坐标轴的正方向。

b. 当 Z 坐标轴为垂直轴时,对于单立柱机床,面对刀具主轴向立柱方向看,向右方向为 X 轴的正方向;对于双立柱机床(如龙门机床),当站在操作台一侧从主轴向左侧立柱看时,X 坐标轴的正方向指向右边。

（3）确定 Y 坐标轴

Y 坐标轴垂直于 X、Z 坐标轴。在确定了 X、Z 坐标轴的正方向后,可按右手定则确定 Y 坐标轴的正方向。

（4）确定 A、B、C 坐标

A、B、C 坐标分别为绕 X、Y、Z 坐标轴的回转进给运动坐标。在确定了 X、Y、Z 坐标轴的正方向后,可按右手定则来确定 A、B、C 坐标的正方向。

图 1-8~图 1-10 分别为几种典型机床坐标系的简图。

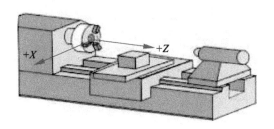

(a) 车床

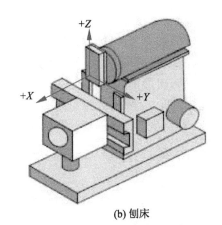

(b) 刨床

图 1-8　车床、刨床坐标系

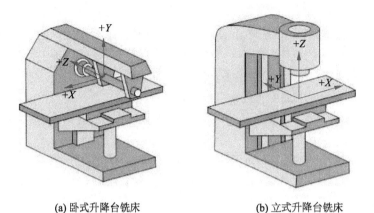

(a) 卧式升降台铣床   (b) 立式升降台铣床

图 1-9 铣床坐标系

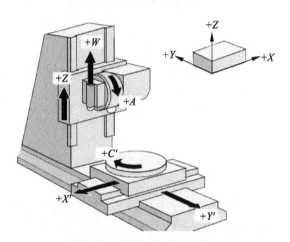

图 1-10 五轴加工中心坐标系

1.2.2 机床坐标系和工件坐标系

1. 机床坐标系

机床坐标系是机床固有的坐标系,机床坐标系的原点称为机床原点、机床零点,也称为机械原点,用 M 表示。数控车床和数控铣床坐标系及原点分别如图 1-11 和图 1-12 所示。原点是由机床生产厂家在机床出厂前就设定在机床上的固有的点,是机床生产、安装、调试时的参考基准,不能随意改变。例如,数控车床的机床原点大多设在主轴前端面的中心处;数控铣床的机床原点大多设在各轴进给行程的正极限点处。机床坐标系是通过回参考点操作确立的。

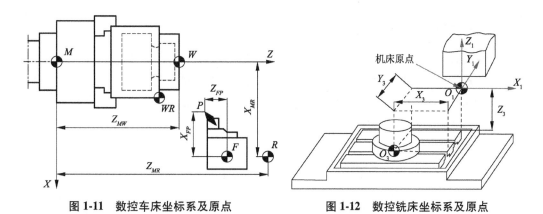

图 1-11　数控车床坐标系及原点　　　　图 1-12　数控铣床坐标系及原点

2. 参考坐标系

参考坐标系是为确定机床坐标系而设定的固定坐标系,其坐标原点称为参考点,参考点一般都在机床坐标系正向的极限位置处。

参考点可以与机床坐标原点不重合(如数控车床),也可以与机床原点重合(如数控铣床)。它是用于对机床工作台(或滑板)与刀具相对运动的测量系统进行定标与控制的点,一般设在各轴正向行程极限点的位置上,用 R 表示。机床坐标系是通过手动回参考点的操作确立的。参考点的位置是在每个轴上用挡块和限位开关精确地预先调整好的,它相对于机床原点的坐标是一个已知数,且是一个固定值。机床开机后,因意外断电、急停等原因停机而重新启动时,都必须先让各轴返回参考点,进行一次位置校准,以消除机床位置误差。

3. 工件坐标系

工件坐标系是编程人员在编程时使用的坐标系,也称编程坐标系或加工坐标系。工件坐标系的原点称为工件原点或编程原点,用 W 表示。工件坐标系由编程人员根据零件图样自行确定,对于同一个加工工件,不同的编程人员确定的工件坐标系可能会不同。

工件原点的设定一般遵循如下原则:

① 工件原点应选在零件图样的尺寸基准上。这样可以直接用图样标准尺寸作为编程点的坐标值,从而减少数据换算的工作量。

② 工件坐标系选在能方便装夹、测量和检验的工件上。

③ 工件原点尽量选在尺寸精度高、表面粗糙度值比较小的工件表面上,这样可以提高工件的加工精度,保证同一批零件的一致性。

④ 对于有对称几何形状的工件,工件原点最好选在其对称中心点上。

车床的工件原点一般设在主轴的中心线上,大多设在工件的左端面或右端面上。铣床的工件原点一般设在工件外轮廓的某一个角上或工件的对称中心处,背吃刀量方向上的零点大多取在工件上表面,如图 1-11 和图 1-12 所示。对于形状较复杂的工件,有时为编程方便,可根据需要通过相应的程序指令随时改变工件原点。对于在一个工作台上装夹加工多个工件的情况,在机床功能允许的条件下,可分别设定编程原点独立地编程,并通过工件原点预置的方法在机床上分别设定各自的工件坐标系。

1.2.3 绝对坐标编程和相对坐标编程

数控编程通常是按照组成图形的线段或圆弧的端点的坐标进行的。当运动轨迹的终点坐标是相对于线段的起点计量时,称为相对坐标或增量坐标表达方式,如图 1-13 所示。若按这种方式进行编程,则称为相对坐标编程。当所有点的坐标值均从某一固定的坐标原点计算时,就称为绝对坐标表达方式,如图 1-14 所示。若按这种方式进行编程,则称为绝对坐标编程。

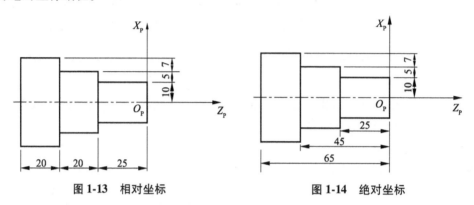

图 1-13　相对坐标　　　　　　　图 1-14　绝对坐标

【例 1-1】　编程使刀具从图 1-15 所示的点 A 运动到点 B。

解:用绝对坐标编程时,点 A 的坐标为(30,35),点 B 的坐标为(12,15),则程序为:G00 X12 Y15。

用相对坐标编程时,点 B 相对于点 A 的坐标为(-18,-20),则程序为:G00 X-18 Y-20。

采用绝对坐标编程时,程序指令中的坐标值随着程序原点的不同而不同;而采用相对坐标编程时,程序指令中的坐标值则与程序原定的位置没有关系。同样的加工轨迹,既可用绝对坐标编程,也可用相对坐标编程,采用恰当的编程方式可以大大简化程序。

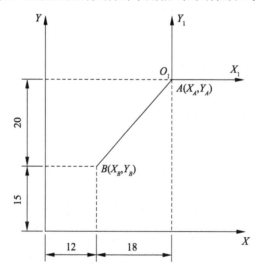

图 1-15　绝对坐标和相对坐标编程

 **思考与练习**

1-1 什么是数控技术、数控机床和数控加工？

1-2 数控机床由哪些部分组成？各组成部分的主要功能是什么？

1-3 数控机床有哪些分类方法？按照各种分类方法可将数控机床分为哪些类型？

1-4 简述数控机床坐标系中坐标轴位置及其方向的判定原则和方法。

1-5 机床坐标系和工件坐标系的区别是什么？

1-6 什么是机械原点、工件原点及参考点？

1-7 数控机床开机回零操作的意义是什么？

第2章 数控车床操作基础

数控加工是一项理论与实践紧密结合的技术,要掌握这项技术,除了掌握必需的理论基础之外,实践操作是不可忽视的一个重要环节。

 ## 2.1 数控车床手动操作

2.1.1　任务描述

认识数控车床,对 HNC-21/22T 华中系统数控车床进行启动、停止操作,同时完成车床控制面板的手动操作,具体任务如下:

① 移动车床坐标轴;

② 主轴控制;

③ 机床锁住;

④ 刀位转换;

⑤ 冷却液的启动与停止。

2.1.2　任务分析

该任务是对 HNC-21/22T 华中系统数控车床进行基本操作,首先启动数控车床,然后通过控制面板的按键操作车床。因此,本任务需要了解数控车床中与操作相关的组成部分,熟悉 HNC-21/22T 华中系统数控车床操作面板的组成,了解控制面板上各个按键的功能,从而掌握 HNC-21/22T 华中系统数控车床的手动操作。

2.1.3　相关知识

1. 数控车床的组成

数控车床主要由车床本体和数控系统两大部分组成。车床本体由床身、主轴、导轨、刀架、冷却装置等组成。本书以 CJK6140 数控车床为例,介绍华中系统数控车床的基本组成,如图 2-1 所示。

图 2-1　CJK6140 数控车床的基本组成

① 床身——用于连接数控车床的主要部件。

② 床鞍——支撑刀架在导轨上移动。

③ 防护罩门——防止切屑及工件飞出。

④ 尾座——用于安装顶尖或钻头等。

⑤ 电动刀架——用于安装车刀并根据程序指令换刀。

⑥ 切削液喷嘴——将切削液注入切削区域。

⑦ 主轴——带动工件旋转。

⑧ 华中系统控制面板——通过面板上的按键输入程序或控制数控车床各种方式的运动。

⑨ 导轨——支撑床鞍和尾座的运动。

⑩ 滚珠丝杠——将伺服电动机的旋转运动转化为刀架的移动。

2. HNC-21/22T 华中系统数控车床操作面板

HNC-21/22T 华中系统数控车床是在华中 I 型高性能数控车床的基础上,进一步开发的高性能经济型数控系统。HNC-21/22T 华中系统数控车床采用了彩色 LCD 液晶显示器和内装式 PLC,可与多种伺服单元配套使用,具有开发性好、结构紧凑、集成度高、性价比高、操作维护方便等优点。

HNC-21/22T 华中系统数控车床的操作面板由液晶显示器、MDI 键盘、功能键盘、【急停】按键、机床控制面板、手摇脉冲发生器等组成,如图 2-2 所示。

① 彩色液晶显示器的分辨率为 640 px×480 px,用于显示汉字菜单、系统状态、故障报警和加工轨迹的图形仿真。

② MDI 键盘位于显示器和【急停】按键之间,其中的大部分按键具有上挡键功能,即当【Upper】键有效时,输入的是上挡键的内容。MDI 键盘用于零件程序的编制、参数输入、系统管理等操作。

③ 控制面板用于控制车床的动作或加工过程。标准数控车床控制面板的大部分按键位于操作台的下部。

④ 功能键【F1】~【F10】是数控系统功能操作的主菜单命令条。由于每个功能键包括不同的内容,因此菜单采用层次结构,即主菜单下含子菜单。

⑤ 手摇脉冲发生器用于手摇方式增量进给坐标轴。

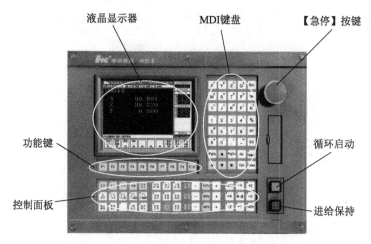

图 2-2　HNC-21/22T 华中系统数控车床操作面板

3. CJK6140 数控车床的润滑

为了保证数控车床的正常运转并延长其使用寿命,必须使其各个运动件保持良好的润滑。常用的 CJK6140 数控车床的主轴箱采用外循环强制润滑,将润滑油通过摆线泵经滤油器输入主轴箱内的分油器,对主轴箱的各传动部件及轴承进行润滑,供油情况可通过主轴箱侧面的油标观察。加油时,拧开主轴箱盖上的大螺钉,注入相应的润滑油,油液通过主轴箱底孔进入油箱,通过观察油箱上的油标就可控制加油量;更换新油时,打开油箱下面的放油塞,油即可放出。另外,其横向进给箱内有一对斜齿轮,润滑时应拨开加油孔盖,采用油枪对斜齿轮喷数滴油即可。

2.1.4　任务实施

1. 启动、急停、超程解除、关机操作

(1) 启动数控车床

1) 接通电源

接通电源的步骤如下:

① 检查数控车床的状态是否正常。主要检查数控车床的刀架、尾座等处的锁紧手柄是否处于正确位置;通过主轴箱侧面油标检查润滑油的油量是否充足;按照规定对加油点进行日常润滑保养;检查数控车床导轨上是否存在障碍物。

② 检查电源电压是否符合要求,确认电源接线是否正确。

③ 按下【急停】按键。

④ 闭合数控车床电源的开关,接通数控车床的电源。

⑤ 按下数控系统操作面板上的电源按钮,使数控系统通电。

⑥ 检查数控车床散热风扇是否正常工作。

⑦ 检查操作面板上的指示灯是否正常。

⑧ 接通数控装置的电源后,系统自动运行软件。此时,显示器显示软件的操作界面,

其工作方式为"急停"。

2）复位

接通电源后，为了控制系统的运行，应左旋并拔起操作台右上角的【急停】按键，使系统复位，并接通伺服电源。系统默认进入"回参考点"方式，软件操作界面的工作方式变为"回零"。

3）返回车床参考点

控制车床运动的前提是建立车床坐标系。系统在接通电源、复位后，首先应进行车床各轴回参考点的操作，方法如下：

① 如果系统显示的当前工作方式不是回零方式，就按一下控制面板上的【回零】按键，确保系统处于"回零"方式。

② 根据 X 轴参数回参考点的方向，按一下【+X】按键，使 X 轴回参考点，【+X】按键内的指示灯点亮。

③ 用同样的方法使用【+Z】按键，使 Z 轴轴向回参考点。当车床各轴回参考点后，即创建了车床坐标系。

完成以上操作后，如果指示灯正常，数控车床就可进入手动、自动等方式的操作。

（2）急停

数控车床在运行过程中，当遇到危险或紧急情况时，按下【急停】按键，则进入急停状态，伺服进给及主轴运转立即停止工作；松开【急停】按键，数控车床进入复位状态。

解除急停前，应先确认故障已经排除，急停解除后应重新进行回参考点的操作，以确保坐标轴的正确性。

（3）超程解除

在伺服行程的两端各有一个极限开关，可防止伺服机构因碰撞而损坏。每当伺服机构碰到行程极限开关时，就会出现超程。当某轴出现超程时，【超程解除】按键内的指示灯点亮，系统视为紧急停止。要退出超程状态，必须执行以下操作：

① 松开【急停】按键，置工作方式为手动或手摇方式。

② 持续按住【超程解除】按键。

③ 在手动或手摇方式下，使该轴向相反方向退出超程状态。

④ 松开【超程解除】按键。

若显示屏上的状态栏显示"运行正常"，则表示可以继续操作。

（4）关机

关机的步骤如下：

① 按下控制面板上的【急停】按键，断开伺服电源。

② 断开数控系统电源。

③ 断开数控车床电源。

2. 数控车床手动操作

数控车床的手动操作主要通过操作数控车床控制面板上的按键来完成，如图 2-3 所示。

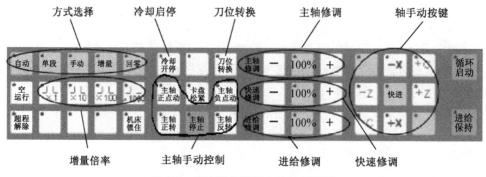

图 2-3　CJK6140 数控车床控制面板

（1）坐标轴移动

手动移动数控车床坐标轴的操作,通过手持单元和数控系统控制面板上的方式选择、主轴手动控制、增量倍率、进给修调、快速修调等按键共同完成。

1）手动进给

按下【手动】按键,系统处于手动运行方式,然后按压要移动的坐标轴。以 X 轴为例说明:按压【+X】或【-X】按键,指示灯亮,X 轴将产生正向或负向连续移动;松开【+X】或【-X】按键,指示灯灭,X 轴即停止移动。采用同样的方式可以控制 Z 轴的正向或负向移动。

2）手动快速移动

在手动进给时,若同时按下【快进】按键,则使相应轴产生正向或负向的快速移动。

3）手动进给速度调整

手动进给速度为

$$v = \frac{1}{3} v_{max} \beta \tag{2-1}$$

手动快速进给速度为

$$v_k = v_{max} \beta \tag{2-2}$$

式中:v_{max} 为系统设定的最高移动速度,X 方向为 3.5 m/min,Z 方向为 5 m/min;β 为进给修调选择的进给倍率,按一下【+】按键修调倍率缺省是递增 2%,按一下【-】按键修调倍率缺省是递减 2%。

以 +Z 坐标轴为例,手动进给速度调整的具体操作如下:先按下【+Z】按键;然后按压进给修调选项右侧的【100%】按键,指示灯亮,进给被设置为 100%。按压 3 次【-】按键,每按压一次修调倍率缺省递减 2%,由公式（2-1）即可算出 +Z 方向的移动速度减少为约 1.6 m/min。

以 +Z 坐标轴为例,快速进给修调的具体操作如下:先按下【+Z】和【快进】按键;然后按压进给修调选项右侧的【100%】按键,指示灯亮,进给被设置为 100%。按压 3 次【-】按键,每按压一次修调倍率缺省递减 2%,由公式（2-2）即可算出 +Z 方向的移动速度减少为 4.7 m/min。

4）增量进给

在增量进给方式下,可增量移动数控车床的坐标轴。增量进给的增量值由机床控制面板的【×1】【×10】【×100】【×1000】4 个倍率按键控制。增量倍率按键和增量值的对应关系见表 2-1。

表 2-1　增量倍率按键对应的增量值

增量倍率	增量值/mm
×1	0.001
×10	0.01
×100	0.1
×1000	1

增量进给 X 轴的方法如下:按压【+X】或【−X】按键,指示灯亮,X 轴将正向或负向移动一个增量值;再按压【+X】或【−X】按键,X 轴将正向或负向继续移动一个增量值。

5）手摇进给

在手摇方式下,当选择坐标轴开关置于 X 挡或 Z 挡时,按下控制面板上的增量按键,可手摇进给坐标轴。手摇进给的增量值由手持单元的增量倍率开关的位置(【×1】【×10】【×100】)控制,增量倍率开关的位置和增量值的对应关系见表 2-2。

表 2-2　手持单元增量倍率开关的位置对应的增量值

开关位置	增量值/mm
×1	0.001
×10	0.01
×100	0.1

手摇进给 X 轴的方法如下:先选择增量倍率,将坐标轴选择开关置于 X 挡;再使手摇脉冲发生器顺时针或逆时针旋转一格,可使 X 轴正向或负向移动一个增量值。

（2）主轴控制

主轴控制通过机床控制面板上的主轴手动控制、修调按键完成。

1）主轴正转、反转、停止

在手动方式下,按压一次【主轴正转】按键,指示灯亮,主轴电动机以数控车床参数设定的转速正转;按压一次【主轴反转】按键,指示灯亮,主轴电动机以数控车床参数设定的转速反转;按压一次【主轴停止】按键,指示灯亮,主轴电动机停止转动。

2）主轴速度修调

主轴正转、反转的速度可通过主轴修调的按键调整,主轴修调倍率被设置为 100%,按压一次【+】或【−】按键,主轴修调倍率递增或递减 2%。注意:机械齿轮在换挡时,主轴的转动速度不能调整。

3）主轴点动

在手动方式下,可使用主轴点动按键点动转动主轴。按压【主轴正点动】或【主轴负点动】按键,指示灯亮,主轴将产生正向或负向的连续转动;松开【主轴正点动】或【主轴负点动】按键,指示灯灭,主轴即减速停止转动。

（3）机床锁住

在手动方式下,按压一次【机床锁住】按键,指示灯亮,此时再进行手动操作,显示屏上的坐标轴位置信息发生变化,但不输出伺服轴的移动指令,因此数控车床停止不动。注意:【机床锁住】按键只在手动方式下有效,在自动方式下无效。

（4）刀位转换

在手动方式下,先按压【刀位转换】按键,则显示屏上显示所选择的刀位号,再按压【刀位转换】按键,自动刀架将指定刀具转换到正确的位置。

（5）冷却启动与停止

在手动方式下,先按压一次【冷却开停】按键,冷却液打开;再按压一次【冷却开停】按键,冷却液关闭。

 2.2 数控程序输入

学 习 目 标

了解 HNC-21/22T 华中系统数控车床操作面板的组成;掌握数控系统操作面板的 MDI 键盘和功能键的操作方法;能够完成程序的输入、保存、调用、删除等操作;能够对程序进行校验;能够完成程序的手动输入并运行程序。

2.2.1 任务描述

本任务主要完成以下程序的手动输入和编辑,并运行系统。

（1）在 HNC-21/22T 华中系统数控车床面板上输入以下程序,并进行保存、调用、删除等操作。

```
%1001
N10 G94 G21 G40 G90
N20 T0101
N30 M03 S600
N40 G00 X14 Z2
N50 G01 Z-10 F100
N60 X26
N70 Z-20
N80 X34
N90 Z-30
N100 G00 X100 Z100
N110 M05
```

N120 M30

（2）采用手动输入方式,完成以下指定程序段的运行。

G01 X100 Z100 F100

2.2.2 任务分析

本任务中,为完成程序的输入与校验,首先应正确输入程序,然后对输入的程序进行保存、调用;在"自动"或"单段"工作方式下,再对程序进行校验,同时应了解 MDI 键盘按键的功能,掌握程序的输入和修改方法,以及程序的保存、选择、调用、删除等的操作方法。

2.2.3 相关知识

1. HNC-21/22T 华中系统数控车床的操作界面

（1）操作界面的组成

操作界面由图形显示窗口、菜单命令条、运行程序索引、选定坐标下的坐标值、工件坐标零点、辅助机能、当前加工程序行、当前加工状态及调速设置等组成,如图 2-4 所示。

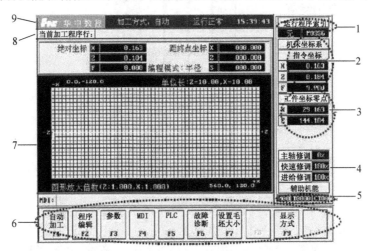

1—运行程序索引;2—选定坐标下的坐标值;3—工作坐标零点;4—调速设置;5—辅助机能;
6—菜单命令条;7—图形显示窗口;8—当前加工程序行;9—当前加工状态。

图 2-4 HNC-21/22T 华中系统数控车床的操作界面

（2）软件菜单功能

操作界面中最重要的部分是菜单命令条,系统功能的操作主要通过命令条中的功能键【F1】~【F10】完成。由于每个功能键包括多个不同的操作,因而菜单采用层次结构,即在主菜单下选择其中一项功能后,数控装置会显示该功能下的子菜单,用户可根据该子菜单的内容选择所需的操作,如图 2-5 所示。

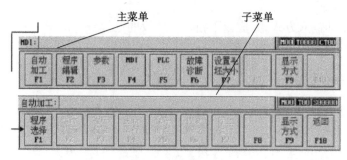

图 2-5　菜单层次结构

2. MDI 键盘及其功能介绍

MDI 键盘用于零件程序的编制、参数输入、系统管理等操作,它位于显示器与【急停】按键之间,其中的大部分按键具有上挡键功能,即当【Upper】键有效时,输入的是上挡键的内容。MDI 键盘如图 2-6 所示。

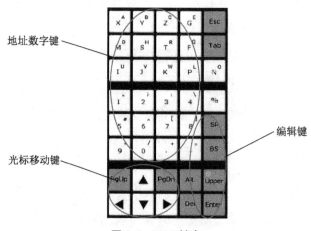

图 2-6　MDI 键盘

【Del】:删除光标后的一个字符,光标位置不变,余下的字符左移一个字符的位置。

【PgUp】:使编辑程序向程序开头滚动一屏,光标位置不变,若到了程序开头,则光标移到文件首行的第一个字符处。

【PgDn】:使编辑程序向程序末尾滚动一屏,光标位置不变,若到了程序末尾,则光标移到文件末行的第一个字符处。

【BS】:删除光标前的一个字符,光标向前移动一个字符位置,余下的字符左移一个字符的位置。

【ESC】:复位键,可停止所有操作,所有报警事件被清除,数控系统复位。

【SP】:空格键。

【Alt】:命令组合键。

【Alt】+【F8】:删除整行。

【Alt】+【R】:替换。

【Alt】+【B】:定义块首,将光标移至块首。

【Alt】+【E】:定义块尾,将光标移至块尾。

【Alt】+【D】:删除块。

【Alt】+【C】:复制。

【Alt】+【V】:粘贴。

【Tab】:跳格键,向后跳 4 个字符。

【Enter】:输入键,按下此键可将输入字符编入程序中。

2.2.4　任务实施

1. 新建、编辑、保存程序

数控系统通电后,在图 2-5 所示的系统主操作界面中先按【自动加工 F1】键,显示程序功能子菜单,再按【程序选择 F1】键。在该程序功能子菜单下,可以对零件的程序进行选择、编辑、存储、删除等操作。

(1) 进入编辑程序界面

在系统主操作界面中先按【程序编辑 F2】键,显示程序功能子菜单,再按【选择编辑程序 F2】键,在选择菜单中用上下光标键移动光标条,选中"新建文件"。系统提示输入新建文件名,输入文件名后按【Enter】键确认,即可进入编辑程序界面编辑程序了。

(2) 输入程序

① 逐行输入程序;

② 修改、插入、删除程序段;

③ 保存文件。

注意:如果文件保存操作不成功,系统就会出现提示信息,该文件为只读文件,不能更改或保存,只能将其改为其他名称后再保存。

2. 程序校验

程序校验用于对调入加工缓冲区的程序文件进行校验,并提示可能的错误。如果有错误,就进行修改,确定无误后再启动自动运行操作。

① 选择文件并调入加工缓冲区,在系统主操作界面中先按【自动加工 F1】键,显示程序功能子菜单,再按【程序选择 F1】键。

② 按机床控制面板上的【自动】或【单段】键,进入自动或单段程序运行方式,如图 2-7 所示。

③ 在程序功能子菜单下按【程序校验 F3】键,如图 2-8 所示。按机床控制面板上的【循环启动】键后,程序校验开始。

④ 若程序正确,则校验完成后,光标将返回程序开头,操作界面的工作方式显示为"自动"或"单段";若程序有错,则命令行将提示程序出错的行。

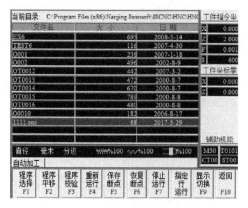

图 2-7 选择程序界面

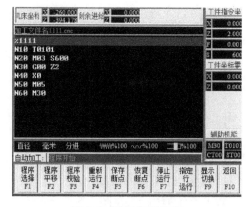

图 2-8 校验运行界面

程序校验的注意事项如下:

① 校验运行时,若车床不动作,则按【机床锁住】键。

② 在校验运行界面按【显示切换 F9】键,则显示正文、大字符、ZX 平面图形、坐标轴联合显示等方式,用来观察校验结果。

3. 删除文件

① 在系统主操作界面中,先按【自动加工 F1】键,显示程序功能子菜单,再按【选择程序 F1】键。

② 在选择菜单中用上下光标键移动光标条,选中要删除的程序文件。

③ 按【Del】键,系统提示是否要删除选中的程序文件,若按【Y】键,则表示将选中的程序文件从当前存储器上删除;若按【N】键,则表示取消操作。

注意:删除的文件不可恢复,删除前应确认。

4. 手动数据输入(MDI)运行

(1) 进入 MDI 功能子菜单

在系统主操作界面中按【MDI F4】键进入 MDI 功能子菜单,其命令行与菜单条显示如图 2-9 所示。

图 2-9 MDI 功能子菜单

(2) 输入 MDI 指令段

进入 MDI 功能子菜单后,命令行的底色变为白色,并且有光标在闪烁,如图 2-10 所示。这时可以从键盘输入并执行一个指令段 G01 X100 Z100 F100,按下【Enter】键,完成 MDI 指令段输入。

(3) 运行 MDI 指令段

输入一行 MDI 指令段后,按下操作面板上的【循环启动】键,系统即开始运行所输入的指令。

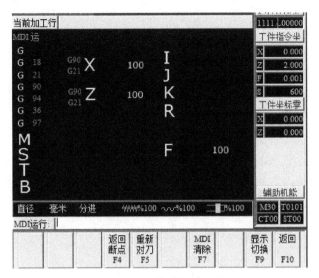

图 2-10 MDI 指令段输入界面

 思考与练习

2-1 试简述启动、关闭数控车床的步骤。

2-2 简述 HNC-21/22T 华中系统数控车床操作面板各按钮的含义与功能。

2-3 HNC-21/22T 华中系统数控车床操作面板由哪些部分组成？

2-4 如何确定数控车床坐标轴的方向？

2-5 在增量进给中，若增量倍率【×1】键指示灯亮，按压一次【+X】键，则刀架向哪个方向移动？移动了多少？

2-6 软件的菜单功能分为几级？各级菜单包含哪些功能键？

2-7 在华中系统数控车床中按要求完成以下操作：

（1）输入以下程序：

%0005

N10 T0101

N20 M03 S800

N30 G00 X20 Z2

N40 G01 Z−10 F0.3

N50 X25

N60 Z−25

N70 X35

N80 Z−30

N90 G00 X100 Z10

N100 M05

　　　　N110 M30

（2）在 N40 G01 Z-10 F100 程序段后插入以下程序：

　　　　N45 X20

　　　　N46 Z-20

（3）将程序中的 N50 X25 修改为 N50 X26。

（4）删除以下程序：

　　　　N50 X25

　　　　N60 Z-25

（5）保存该程序。

2-8　运行 MDI 程序段：N10 M03 S600。

第3章 外圆与端面车削加工

外圆与端面加工是数控车床车削加工的基础。本章主要介绍外圆与端面的加工工艺、加工特点及其加工程序的编制。

▶ 3.1 对称轴的加工

3.1.1 任务描述

根据图 3-1 所示的对称轴,制订加工方案,编制加工程序,并在华中系统 CJK6140 数控车床上完成对称轴的加工。

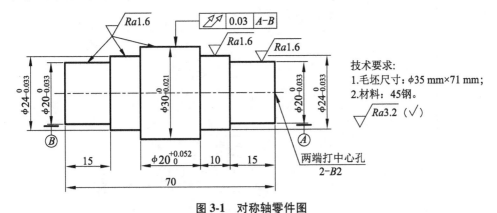

图 3-1 对称轴零件图

3.1.2 任务分析

对称轴为回转类零件,零件的径向基准为轴线,轴向基准为两端面。该零件左右两端外圆的精度为 IT8,中间段外圆的加工要求较高,不仅对径向、轴向的尺寸都有要求,同时其圆柱面对基准的全跳动不超过 0.03 mm。

对称轴加工的要求如下：

① 了解数控加工的工艺流程,并制订数控加工工艺方案。工艺方案包括装夹方式、刀具、加工步骤、走刀路线、切削用量的选择。

② 为了完成加工程序的编制,需要确定数控车床坐标系,学习绝对值、相对值等相关知识,掌握编程指令 G90、G91,坐标系设定指令 G92,以及快速定位指令 G00 的使用方法;掌握数控程序的结构及编程基本知识;掌握数控车床单位设置指令 G20、G21、G94、G95 的使用方法;掌握加工外圆与端面所需的 G01、M03、M04、M05 等基本指令的使用方法。

③ 加工过程中必须遵守数控车床的安全操作规程,掌握加工前对刀操作。

3.1.3　相关知识与技能

数控加工是指利用数控机床进行零件自动加工的一种工艺方法,其实质是数控机床对事先编写的加工程序进行处理并控制加工的过程,从而自动完成零件的加工。数控加工的一般工艺过程如图 3-2 所示。

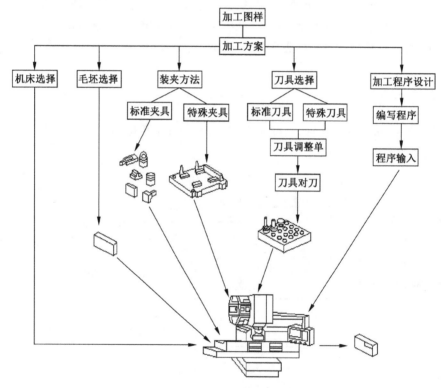

图 3-2　数控加工的一般工艺过程

1. 轴类零件加工工艺的确定

轴类零件加工主要是外圆与端面的加工,要完成加工工艺的确定,必须选择正确的装夹方式、合适的刀具、合理的切削用量及切削液。

（1）常用轴类零件的装夹方式

工件正确安装,可在整个切削过程中保证工件的加工质量和生产效率。外圆加工时,由于所有加工表面都位于零件的外表面上,加工中将产生较大的切削力。如果车削外圆时主切削力的方向与工件轴线不重合,就会影响工件加工质量的稳定性。在数控车床上,零件的装夹方式一般有以下几种。

1）三爪自定心卡盘装夹

三爪自定心卡盘的 3 个卡爪是同步运动的,能自动定心,工件安装后一般不需要找正。如果工件较长,工件离卡盘远端的旋转中心就不一定与车床主轴旋转中心重合,这时必须找正。另外,当三爪自定心卡盘因使用时间较长导致精度下降,而工件加工部位的精度要求较高时,也必须找正。

2）两顶尖拨盘和拨动顶尖装夹

对于较长或必须经过多次装夹才能加工完毕的工件,为了保证装夹精度,可采用两顶尖拨盘和拨动顶尖装夹。

① 两顶尖拨盘

两顶尖拨盘包括前顶尖、后顶尖和对分夹（或鸡心夹）三部分,如图 3-3 所示。

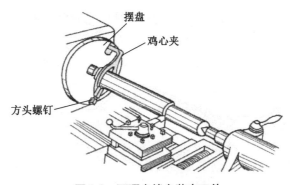

图 3-3 两顶尖拨盘装夹工件

② 内、外拨动顶尖

内、外拨动顶尖用于装夹轴、套类零件,分别如图 3-4 和图 3-5 所示。内、外拨动顶尖的圆锥角为 60°,在其锥面上有淬硬的齿,能够嵌入工件,拨动工件旋转。

图 3-4 内拨动顶尖

图 3-5 外拨动顶尖

3）一夹一顶装夹

两顶尖装夹工件的方法,虽然加工的精度高,但刚度较差。因此,车削一般的轴类工件,尤其是较重的工件时,不采用两顶尖装夹的方式,应采用工件的一端用三爪自定心卡盘夹紧,而另一端用后顶尖支顶装夹的方式,这种装夹方法被称为一夹一顶装夹。为了防止因进给切削力的作用而使工件轴向位移,可以在主轴前段锥孔内安装一个限位支撑,也可利用工件的台阶进行限位,如图3-6所示。这种装夹方法安全可靠,能承受较大的进给力,因此应用广泛。

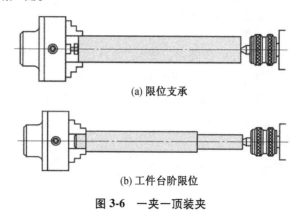

(a) 限位支承

(b) 工件台阶限位

图3-6　一夹一顶装夹

（2）车削外圆和端面的车刀选择

目前,数控车床上大多使用系列、标准化的刀具。机夹可转位外圆车刀和端面车刀等的刀柄、刀片的型号及表示方法应遵循国家标准。常用的机夹可转位车刀的结构如图3-7所示。

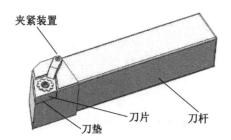

图3-7　机夹可转位车刀的结构

1）刀片材质的选择

常见的刀片材质有高速钢、硬质合金、涂层硬质合金、立方氮化硼和金刚石等。其中,较常用的是硬质合金、涂层硬质合金。刀片材质的选择主要取决于被加工工件的材料、加工性质、加工工况等。车削45钢的外圆和端面时,通常采用的刀片材质是硬质合金。

2）刀片形状的选择

刀片形状主要根据被加工工件的表面形状、切削方法、刀具使用寿命等因素选择。加工外圆和端面时常用的刀片形状如图3-8所示。

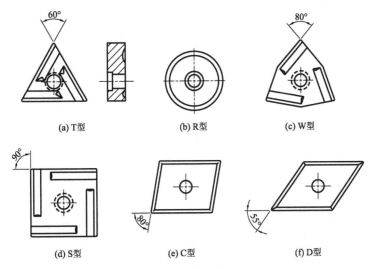

(a) T型　　(b) R型　　(c) W型

(d) S型　　(e) C型　　(f) D型

图 3-8　加工外圆与端面时常用的刀片形状

车削不同结构的外圆和端面时适用的刀片形状如图 3-9 所示。

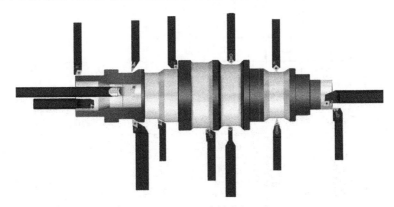

图 3-9　不同结构适用的刀片形状

（3）切削用量的选择

数控车床加工中,切削用量是表示车床主运动和进给运动速度大小的重要参数,包括背吃刀量、进给量和切削速度 3 个要素。切削用量的选择原则:在保证工件的加工精度与表面粗糙度的前提下,充分发挥刀具的切削性能和车床的性能,最大限度地提高生产率,降低成本。

1）背吃刀量的确定

粗车时,在工艺系统允许的条件下,应尽量选取较大的背吃刀量,以减少走刀次数,提高生产率。为了保证工件加工表面的质量要求,可留少许加工余量,精车余量一般比普通车床车削时所留的余量小,常取 0.2~1.0 mm。

2）进给速度（进给量）的确定

进给速度主要根据工件的加工精度、表面粗糙度要求及刀具与工件材料的性质选取,最大进给速度受车床的刚度限制。粗加工时,主要根据车床的刚度、刀具的强度和刚度选取进给速度;精加工时,主要根据工件表面的质量要求、工件及刀具的材料等因素选取。

3）切削速度和主轴转速的确定

切削速度可根据工件材料、刀具材料、背吃刀量、进给量选取。粗加工或加工材料的切削性能较差时,宜选用较小的切削速度;精加工或加工材料切削性能较好时,宜选用较大的切削速度。

切削速度 v 确定后,可按下式确定主轴转速:

$$n = \frac{1\,000v}{\pi d} \tag{3-1}$$

式中:n 为主轴转速,$r/\min$;v 为切削速度,$m/\min$;d 为工件待加工表面的直径,mm。

在实际生产过程中,切削用量一般根据经验并通过查表的方式选取。常用的硬质合金刀具切削用量推荐值见表 3-1。

表 3-1　硬质合金刀具切削用量　　　　　　　　单位:m/min

工件材料	热处理状态	$0.3 \leqslant a_p \leqslant 2$ mm, $0.08 \leqslant f \leqslant 0.3$ mm/r	$2 \leqslant a_p \leqslant 6$ mm, $0.3 \leqslant f \leqslant 0.6$ mm/r	$6 \leqslant a_p \leqslant 10$ mm, $0.6 \leqslant f \leqslant 1$ mm/r
低碳钢、易切钢	热　轧	140～180	100～120	70～90
中碳钢	热　轧	130～160	90～110	60～80
	调　质	100～130	70～90	50～70
合金结构钢	热　轧	100～130	70～90	50～70
	调　质	80～110	50～70	40～60
工具钢	退　火	90～120	60～80	50～70
灰铸铁	HBS<190	90～120	60～80	50～70
	190≤HBS≤250	80～110	50～70	40～60
高锰钢			10～20	
铜及铜合金		200～250	120～180	90～120
铝及铝合金		300～600	200～400	150～200
铸铝合金		100～180	80～150	60～100

2. 数控编程基础知识

为了使数控车床能根据零件的加工要求进行操作,必须将这些加工要求以机床数控系统能识别的指令形式告知数控系统,这种数控系统可以识别的指令称为程序,制作程序的过程称为数控编程。数控编程可分为手工编程和自动编程。

手工编程是指编制加工程序的全过程均由手工完成。手工编程适用于加工批量较大、形状简单、轮廓由直线或圆弧组成的零件。

（1）零件程序的组成

一个零件程序由遵循一定结构、句法和格式规则的若干个程序段组成,而每一个程序段由若干个指令字组成,如图 3-10 所示。

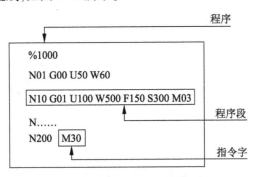

图 3-10　零件加工程序的组成

1) 指令的格式

一个指令由地址符和带符号的数字、数组组成。程序段中不同的地址符及其后续的数值确定了每个指令的含义。数控程序段中包含的主要指令见表 3-2。

表 3-2　指令说明

机能	地址符	含义
零件程序号	%	程序编号:%0001~%9999
程序段号	N	程序段编号:N0000~N9999
准备功能	G	动作方式的指定:G00~G99
尺寸功能字	X、Y、Z A、B、C U、V、W	坐标轴移动命令:±99999.999
	R	圆弧半径、固定循环参数
	I、J、K	圆心相对于起点的坐标、固定循环参数
进给功能字	F	进给速度的指定:F0~F36000
主轴功能字	S	主轴旋转速度的指定:S0~S9999
刀具功能字	T	刀具号和刀具补偿号的指定:T0000~T9999
辅助功能	M	机床侧开/关控制的指定:M00~M99
补偿号	D	刀具半径补偿号的指定:D00~D99
暂停时间	P	暂停时间,单位为秒
子程序号的指定	P	子程序号的指定:P0001~P9999
重复次数	L	子程序重复次数,固定循环重复次数
参数	P、Q、R、U、W、I、K、C、A	车削复合循环参数
倒角控制	C、R、RL=、RC=	直线后倒角和圆弧后倒角参数

2) 程序段的格式

程序段的格式定义了每个程序段功能字的句法。程序段的格式如图 3-11 所示。

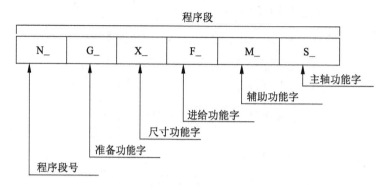

图 3-11　程序段的格式

程序段在编写时一般由程序段号"N ___"开始,以符号";"表示程序段结束。零件程序段是按程序的输入顺序执行的,而不是按程序段号执行的,但建议按升序的方式编写程序段号。

3) 程序名

华中数控装置可以装入多个程序文件,以磁盘文件的方式读写。文件名的格式为 O××××,其中,O 为地址符,其后必须有由四位数字或字母组成的程序号。系统通过程序名可调用程序进行加工或编辑。

4) 程序的一般结构

数控加工的核心内容是一系列加工指令的有序集合。完整的加工程序包括程序起始、程序内容和程序结束三部分。对于加工过程中某些重复出现的加工内容可采用子程序。华中系统数控车床 HNC-21/22T 程序的结构如下:

程序起始:在%或 O 后跟程序号,必须单独占一行。

程序内容:整个加工程序的核心,由多个程序段组成,每个程序段由一个或多个指令构成,表示数控车床中除程序结束外的全部动作。

程序结束:由程序结束的指令构成,必须写在程序的最后,华中系统中用 M02 或 M30 结束程序的运行。

3. 基本编程指令代码

(1) 尺寸单位选择 G20、G21

【格式】　G20

　　　　　G21

【说明】

① G20 为英制输入制式,G21 为公制输入制式。

② 两种制式下线性轴、旋转轴的尺寸单位见表 3-3。

表 3-3　尺寸单位

输入制式	线性轴	旋转轴
英制 G20	英寸	度
公制 G21	毫米	度

③ G20、G21 为模态指令,可相互注销,G21 为缺省值。

【例 3-1】　说明以下语句的含义。

1)　…

　　N20 G21

　　N30 G01 U30

　　…

2)　…

　　N20 G20

　　N30 G01 U30

　　…

解:1)表示刀具向 X 轴的正方向移动了 30 mm。

2)表示刀具向 X 轴的正方向移动了 30 in。

(2)进给功能设定指令 G94、G95

【格式】　G94

　　　　　　G95

【说明】

① G94 为每分钟进给速度设定指令。对于线性轴,F 的单位依 G21、G20 的设定为 mm/min 或 in/min;对于旋转轴,F 的单位为(°)/min。

② G95 为主轴每转进给量设定指令,即主轴转一周时刀具的进给量。F 的单位依 G21、G20 的设定为 mm/r 或 in/r。这个功能在主轴装有编码器时才能使用。

③ G94、G95 为模态指令,可相互注销,G94 为缺省值。

(3)绝对编程指令 G90、相对编程指令 G91

【格式】　G90

　　　　　　G91

【说明】

① G90 为绝对编程指令,每个编程坐标轴上的编程值是相对于程序原点而言的。

② G91 为相对编程指令,每个编程坐标轴上的编程值是相对于前一个位置而言的,该值等于沿坐标轴移动的距离。

③ 绝对编程时,用 G90 指令后面的 X、Z 表示 X 轴、Z 轴的坐标值;增量编程时,用 U、W(或 G91 指令后面的 X、Z)表示 X 轴、Z 轴的增量值。

④ G90、G91 为模态指令,可相互注销,G90 为缺省值。

(4)快速定位指令 G00

【格式】　G00 X(U)＿ Z(W)＿

【说明】

① X、Z:绝对编程时快速定位终点在工件坐标系中的坐标值。

② U、W:增量编程时快速定位终点相对于起点的位移量。

③ G00 指令刀具相对于工件以数控系统预先设定的速度,从当前位置快速移动到程序段指令的定位目标点。

④ G00 指令中快速移动速度由车床参数"快速进给速度"分别对各轴进行设定,不能由程序指令设定。

⑤ G00 指令一般用于加工前快速移动工件或加工结束后快速退刀。

⑥ G00 为模态指令,可由 G01、G02、G03 或 G32 功能注销。

⑦ 刀具的实际运动路线不一定是直线,使用时注意刀具是否与工件产生干涉。常用的做法是将 X 轴移动到安全位置,再执行 G00 指令。

【例 3-2】 使用 G00 编程,将刀具从如图 3-12 所示的点 A 快速定位到点 B。

解:绝对值编程:

    G90 G00 X90 Y45

增量值编程:

    G91 G00 X70 Y30

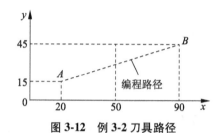

图 3-12 例 3-2 刀具路径

(5) 直线插补指令 G01

【格式】 G01 X(U)__ Z(W)__ F __

【说明】

① X、Z:绝对编程时,快速定位终点在工件坐标系中的坐标值。

② U、W:增量编程时,快速定位终点相对于起点的位移量。

③ G01 指令刀具以联动的方式,按 F 规定的合成进给速度,从当前位置按线性路线(联动直线轴的合成轨迹为直线)移动到指令终点。

④ G01 为模态指令,可由 G00、G02、G03 或 G32 指令注销。

【例 3-3】 用 G00、G01 等指令编写图 3-13 所示零件的精加工程序。

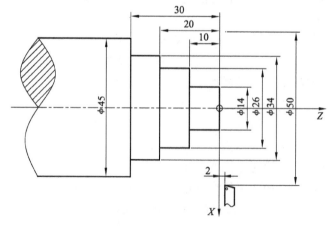

图 3-13 例 3-3 零件图

解:零件精加工程序如下:

```
%0001
N10 G94
N20 T0101
N30 M03 S600
N40 G00 X14 Z2
N50 G01 X14 Z-10 F100
N60 X26
N70 Z-20
N80 X34
N90 Z-30
N100 G00 X100 Z100
N110 M05
N120 M30
```

【注意】

① G01 指令后的坐标值是绝对编程还是增量编程,由编程者根据情况自定。

② 进给速度由 F 指令决定,F 指令也是模态指令,可由 G00 指令取消。G01 程序段中必须含有 F 指令。

③ 程序中 F 指令的进给速度在没有接收到新的 F 指令前一直有效,不必在每一个程序段中都写入 F 指令。

(6) 主轴控制指令 M03、M04、M05

M03:主轴正转;

M04:主轴反转;

M05:主轴停止旋转。

(7) 程序控制指令 M00、M02、M30

1) 程序暂停指令 M00

当 CNC 执行 M00 指令时,将暂停执行当前程序,以便操作者进行工件的尺寸测量、工件掉头、手动变速等操作。

程序暂停时,数控车床的进给停止,但全部的模态信息保持不变,若要继续执行后续程序,则重按操作面板上的【循环启动】按键即可。

2) 程序结束指令 M02

M02 指令一般放在主程序的最后一段中,当 CNC 执行 M02 指令时,车床的主轴、进给、切削液全部停止运动,加工结束。

使用 M02 指令程序结束后,若要重新执行该程序,则重新调用该程序或手动将光标移至程序开头。

3) 程序结束并返回零件程序开头指令 M30

指令 M30 与 M02 的功能基本相同,只是指令 M30 还兼有控制返回到零件程序开头的作用。使用 M30 指令程序结束后,若要重新执行该程序,只需要再次按【循环启动】按键即可。

4. 数控车床的安全操作

虽然数控车床上设置了多种安全装置,以防止意外事故对操作者、数控车床造成危害,但是数控车床操作者仍应按照规范操作,以保障人身和设备的安全。

（1）操作前的准备工作

① 操作前要仔细核实输入数据的正确性,以免引起误操作。

② CNC 参数都是由车床生产厂家设置,通常不需要修改。如果必须修改参数,那么在修改前应对参数有一定的了解。

③ 因为 MDI 上的有些键专门用于维护和特殊操作,若在开机的同时按下这些键,则可能会导致数控车床的数据丢失,所以车床通电后,在 CNC 装置尚未出现位置显示或报警显示前,不要触碰 MDI 面板上的任何键。

④ 数控车床预热前,操作者应首先认真检查润滑系统工作是否正常。如果数控车床长时间没有使用,那么可先用手动方式使油泵向各润滑点供油,且操作前应对数控车床进行预热。预热时,车床的运转时间为 10~20 min,主轴转速为 500~1 200 r/min。

（2）试切法对刀

试切法对刀是指在数控车床上通过"试切—测量—输入"确定刀偏值的方法,试切法对刀的步骤如下:

① 安装工件及刀具。

② 建立工件坐标系,并将其设置在工件右端面中心。

③ 车床回参考点,建立机床坐标系。

④ X 方向对刀。手动状态下,启动主轴,试切一段外圆。

⑤ 刀具在 X 方向不动,沿 $+Z$ 方向退出,主轴离开工件 100 mm 左右时停止主轴旋转,测量试切外圆直径。

⑥ 按【刀具补偿 F4】键,进入二级菜单,再按【刀偏表 F1】键进入刀偏表界面,如图 3-14 所示。

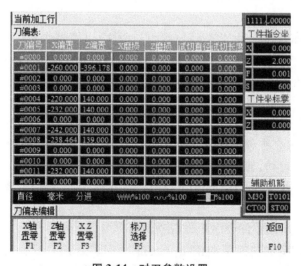

图 3-14　对刀参数设置

⑦ 使用左右上下光标键将蓝色亮条移动到对应刀具设置行的试切直径处,按【Enter】键,输入测量的直径值,再按【Enter】键确认。至此,X 向对刀完毕。

⑧ Z 向对刀。启动主轴,手动试切工件端面,然后保持 Z 轴位置不变,沿 $+X$ 轴方向退刀,离开外圆 50 mm 左右,停止主轴。

⑨ 使用光标键将蓝色亮条移动到相应刀具设置行的试切长度处,按【Enter】键,输入"0",再按【Enter】键确认。至此,Z 方向对刀完毕。

（3）操作过程中的安全注意事项

① 手动操作时,要确认刀具和工件的当前位置,保证指定的运动方向正确。

② 数控车床通电后,必须先执行手动返回参考点操作,否则车床动作不可预料。

③ 部分数控车床有手轮进给装置,在手轮进给时,一定要选择正确的手轮倍率,过大的手轮倍率会导致车床或刀具容易损坏。

④ 加工过程中,禁止用手接触刀尖和铁屑。铁屑应用毛刷和铁钩子清理。

⑤ 禁止用手或其他任何方式接触正在旋转的主轴、工件或其他运动部件。严禁在主轴旋转时进行刀具或工件的装夹、拆卸。

⑥ 自动加工过程中,不允许打开数控车床防护门。

⑦ 工作时,应穿好工作服、安全鞋,戴好工作帽、防护镜,禁止戴手套、领带操作。

（4）加工后应完成的工作

① 清除铁屑,打扫数控车床,使车床周边环境保持清洁。

② 检查或更换因磨损破坏了的数控车床导轨上的油擦板。

③ 检查润滑油、切削液的状态,根据具体情况及时添加或更换。

④ 离开车间前,依次关闭数控车床操作面板上的电源开关和总电源开关。

（5）其他注意事项

① 不要移动或损坏安装在数控车床上的警告牌。

② 不要在数控车床周围放置障碍物,操作空间应足够大。

③ 更换熔断丝之前应关闭车床电源。禁止用手接触电动机、变压器、控制板等有高压电源的部位。

④ 如果某项操作需要两人或多人共同完成,那么应注意相互协作。

⑤ 禁止使用压缩空气清洗数控车床和电气柜等装置。

3.1.4　任务实施

1. 准备工作

① 工件:45 钢;毛坯尺寸:ϕ35 mm×71 mm。

② 设备:CJK6140 数控车床、华中数控系统。

③ 加工中所需工具、量具、刀具清单见表 3-4。

表 3-4　工具、量具、刀具清单

序号	名称	规格	数量	备注
1	千分尺	0~25 mm	1	
2	千分尺	25~50 mm	1	
3	游标卡尺	0~150 mm	1	
4	外圆粗车刀	93°	1	T01
5	外圆精车右偏刀	93°	1	T02
6	端面车刀	45°	1	T03
7	外圆精车左偏刀	93°	1	T04
8	拨回转顶尖	60°	1	
9	拨动顶尖	60°	1	
10	中心钻	B3.15/10	1	

2. 加工方案

(1) 确定加工路线

分析图纸要求,按先粗后精、先主后次的加工原则,确定加工路线。

① 此零件为回转类工件且左右对称,大外圆有圆跳动公差要求,因此选用两顶尖装夹方式,以轴心线定位,在保证形位公差的前提下加工此工件。

② 选取工件右端面中心为工件坐标系原点。

③ 路线:车端面(可以在普通车床上加工)—粗车大外圆及右侧两外圆—反头两顶尖装夹粗车左端两外圆—两顶尖装夹精车 $\phi20$ mm 外圆—精车 $\phi24$ mm 外圆—精车 $\phi30$ mm 外圆—反头两顶尖装夹精车左端 $\phi20$ mm 和 $\phi24$ mm 外圆。

(2) 合理选择切削用量

切削用量的选择见表 3-5。

表 3-5　切削用量

切削表面	主轴转速 $S/(\text{r} \cdot \text{min}^{-1})$	进给速度 $f/(\text{mm} \cdot \text{r}^{-1})$
粗车外圆及端面	500	0.25
精车外圆及端面	800	0.15
精车外圆及端面	800	0.15

3. 加工工艺卡

对称轴数控加工工艺卡见表 3-6。

表 3-6　对称轴数控加工工艺卡

工步号	工步内容		刀具	转速/(r·min⁻¹)	进给速度/(mm·min⁻¹)	背吃刀量/mm	操作方式
1		光外圆	T01	700		1	
2		车右端面	T03	800		0.5	手动
3		钻中心孔	B3.15/10	1 100			
4	装夹1:三爪自定心卡盘夹持工件左端,伸出长度为35 mm	粗车外圆(φ34 mm×27 mm→φ30.5 mm×27 mm)	T01	800	150	1.75	自动
5		粗车外圆(φ30.5 mm×24.9 mm→φ27.5 mm×24.9 mm)				1.5	
6		粗车外圆(φ27.5 mm×24.9 mm→φ24.5 mm×24.9 mm)					
7		粗车外圆(φ24.5 mm×14.9 mm→φ22.5 mm×14.9 mm)				1	
8		粗车外圆(φ22.5 mm×14.9 mm→φ20.5 mm×14.9 mm)					
9	装夹2:工件调头,三爪自定心卡盘夹持工件右端	车端面控制总长	T03	800			手动
10		钻中心孔	B3.15/10	1 100			
11		粗车外圆(φ34 mm×47 mm→φ30.5 mm×47 mm)	T01	800	150	1.75	自动
12		粗车外圆(φ30.5 mm×24.9 mm→φ27.5 mm×24.9 mm)				1.5	
13		粗车外圆(φ27.5 mm×24.9 mm→φ24.5 mm×24.9 mm)					
14		粗车外圆(φ24.5 mm×14.9 mm→φ22.5 mm×14.9 mm)				1	
15		粗车外圆(φ22.5 mm×14.9 mm→φ20.5 mm×14.9 mm)					
16	装夹3:两顶尖装夹	精车中间轴右端	T02	1 000	100	0.5	自动
17		精车中间轴左端	T04				

4. 工件坐标及编程尺寸

编程尺寸是对工件图中相应的尺寸进行换算而得出的在编程中使用的尺寸。通常,编程尺寸为工件图中相应尺寸的中值。

5. 加工程序

(1) 粗加工中间轴右端

中间轴右端的粗加工程序如下:

　　%0001

　　N10 G94

```
N20 T0101
N30 M03 S500
N40 G00 X36 Z2
N50 G01 X30.5 F150
N60 Z-27
N70 X36
N80 G00 Z2
N90 G01 X27.5 F150
N100 Z-24.9
N110 X31
N120 G00 Z2
N130 G01 X24.5 F150
N140 Z-24.9
N150 X28
N160 G00 Z2
N170 G01 X22.5 F150
N180 Z-14.9
N190 X26
N200 G00 Z2
N210 G01 X20.5 F150
N220 Z-14.9
N230 X26
N240 G00 X100 Z100
N250 M05
N260 M30
```

（2）粗加工中间轴左端

中间轴左端的粗加工程序如下：

```
%0002
N10 G94
N20 T0101
N30 M03 S500
N40 G00 X36 Z2
N50 G01 X30.5 F150
N60 Z-47
N70 X36
N80 G00 Z2
N90 G01 Z27.5 F150
N100 Z-24.9
```

```
N110 X31
N120 G00 Z2
N130 G01 X24.5 F150
N140 Z-24.9
N150 X28
N160 G00 Z2
N170 G01 X22.5 F150
N180 Z-24.9
N190 X28
N200 G00 Z2
N210 G01 X20.5 F150
N220 Z-14.9
N230 X26
N240 G00 X100 Z100
N250 M05
N260 M30
```

（3）精加工中间轴

中间轴的精加工程序如下：

```
%0003
N10 G94
N20 T0202
N30 M03 S500
N40 G00 X19.98 Z1
N50 G01 Z0 F100
N60 Z-15
N70 X23.98
N80 Z-24.99
N90 X29.99
N100 Z-45
N110 G00 X32
N120 X100 Z100
N130 T0404
N140 G00 X30 Z-71
N150 X19.98
N160 G01 Z-55 F100
N170 X23.98
N180 Z-44.99
N190 X29.99
```

N200 Z-43

N210 G00 X32

N220 X100 Z100

N230 M05

N240 M30

6. 加工操作

对称轴的加工操作步骤如下：

① 开机前检查数控车床各部分是否完整、正常，机床的安全防护装置是否牢靠；

② 打开数控车床；

③ 开机后检查数控车床是否正常工作；

④ 启动主轴，预热数控车床；

⑤ 输入加工程序；

⑥ 校验加工程序；

⑦ 装工件；

⑧ 装刀具；

⑨ 对刀；

⑩ 自动加工；

⑪ 测量并检验工件。

7. 加工误差分析

外圆在车削的过程中可能会产生加工误差现象。外圆加工中常见的误差现象及其产生的原因、预防和消除方法见表3-7。

表3-7　外圆加工误差分析

误差现象	产生原因	预防和消除方法
工件外圆尺寸超差	① 刀具数据不正确； ② 切削用量选择不当； ③ 加工程序错误； ④ 工件尺寸计算错误	① 调整或重新设定刀具数据； ② 合理选择切削用量； ③ 检查、修改加工程序； ④ 正确计算工件尺寸
外圆表面粗糙度较差	① 切削速度过小； ② 刀具的中心高度过高； ③ 切屑的控制较差； ④ 刀尖产生积屑瘤； ⑤ 切削液选择不合理	① 增大主轴速度； ② 调整刀具的中心高度； ③ 选择合理的进刀方式及切深； ④ 选择合理的切削速度范围； ⑤ 选择正确的切削液
台阶处不清根或呈圆角	① 加工程序错误； ② 刀具选择错误； ③ 刀具损坏	① 检查、修改加工程序； ② 正确选择加工刀具； ③ 更换刀具
加工过程中出现扎刀，引起工件报废	① 进给量过大； ② 切屑堵塞； ③ 工件装夹不合理； ④ 刀具角度选择不合理	① 减少进给量； ② 采用断屑、退屑方式切入； ③ 增加工件装夹的刚度； ④ 选择合理的刀具角度

续表

误差现象	产生原因	预防和消除方法
台阶端面出现倾斜	① 程序错误; ② 刀具安装不正确	① 检查、修改加工程序; ② 正确安装刀具
工件端面超差或产生锥度	① 车床主轴间隙过大; ② 程序错误; ③ 工件装夹不合理	① 调整车床主轴间隙; ② 检查、修改加工程序; ③ 增加工件装夹的刚度

3.1.5 任务评价

车削对称轴的考核评分标准见表 3-8。

表 3-8 车削对称轴的考核评分标准

序号	项目与权重	考核内容及要求	配分		评分标准
			IT	Ra	
1	工件加工(50%)	$\phi 20_{-0.033}^{0}$ mm,$Ra1.6$ μm	10	4	不合格全扣
2		$\phi 24_{-0.033}^{0}$ mm,$Ra1.6$ μm	10	4	不合格全扣
3		$\phi 30_{-0.021}^{0}$ mm,$Ra1.6$ μm	6	2	不合格全扣
4		$20_{0}^{+0.052}$ mm,$Ra3.2$ μm	5	1	不合格全扣
5		全跳动误差	6		不合格全扣
6		未注公差	2		不合格全扣
7	程序与加工工艺(20%)	程序的正确性	6		错一处扣 2 分
8		加工步骤、路线、切削用量	6		错一处扣 2 分
9		刀具选择及安装	4		不正确全扣
10		装夹方式	4		不正确全扣
11	车床操作(15%)	对刀的正确性	5		不正确全扣
12		坐标系设定的正确性	4		不正确全扣
13		车床操作的正确性	6		错一处扣 2 分
14	文明生产(15%)	安全操作	5		出错全扣
15		车床维护与保养	5		不合格全扣
16		工作场所整理	5		不合格全扣
总配分			100		

3.2 台阶轴的加工

3.2.1 任务描述

根据图 3-15 所示的台阶轴,制订加工方案,编制加工程序,并在华中数控系统 CJK6140 数控车床上完成台阶轴的加工。

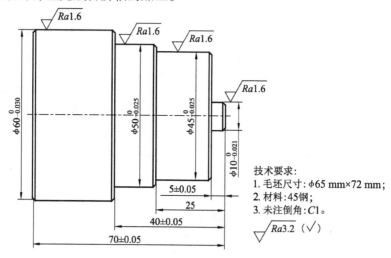

图 3-15 台阶轴零件图

3.2.2 任务分析

台阶轴为轴类回转体类零件,由 4 段圆柱面构成。零件的径向基准为轴线,轴向基准为两端面。台阶轴的 4 段圆柱面的直径尺寸精度为 IT8,由于 $\phi45$ mm 和 $\phi10$ mm 两段圆柱面的直径差较大,且 $\phi10$ mm 圆柱面的轴向尺寸较小,因此采用端面切削方法完成 $\phi10$ mm 圆柱面的粗加工较为合理。该工件轴向有 3 处尺寸公差要求,且长度方向的加工余量较小,因此工件需多次掉头才能完成加工。

该台阶轴可以用 G01、G00 等基本指令完成外圆与端面的加工,但是所用程序段较多。为了简化编程,可采用外圆、端面加工的单一固定循环指令 G80、G81 进行编程,以缩短程序的长度,减少程序所占内存。

本任务通过制订合理的加工方案,确定加工的线路、切削用量。为了确保工件的加工质量,通过中途检测,利用刀具磨损补偿功能控制工件尺寸公差。

3.2.3 相关知识与技能

1. 加工方案的制订

加工方案又称为工艺方案,数控车床的加工方案包括制订工序、工步及走刀路线,选择刀具、装夹方式、切削用量等。工步及走刀路线通常采用"先粗后精""先近后远""先内后外"等方案。

(1)常用的加工方案

1)"先粗后精"方案

为了提高生产效率并保证工件的精加工精度,在切削加工时应先安排粗加工工序,在较短的时间内将大部分加工余量去掉,同时尽量满足精加工余量均匀性的要求。

2)"先近后远"方案

这里所说的"远"与"近",是按照加工部位相对于对刀点的距离而言的。一般情况下,特别是粗加工时,通常先加工离对刀点近的部位,后加工离对刀点远的部位,以便缩短刀具的移动距离,减少空行程。"先近后远"加工方案刀具的移动路线如图 3-16 所示。

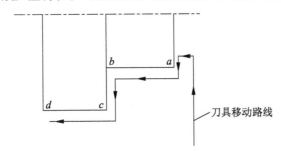

图 3-16 "先近后远"加工方案

3)"先内后外"方案

对既有内表面又有外表面的工件,在制订其加工方案时,通常应先加工内表面,后加工外表面。这是因为控制内表面的尺寸和形状精度较困难,刀具的刚度相应较差,刀尖、刀刃的耐用度易受切削热的影响而降低。此外,内表面加工中的切屑清除较困难。

(2)加工方案制订要求

在制订加工方案时,除了必须严格保证工件的加工质量外,还应满足以下几个要求。

1)程序段尽可能少

在编制加工程序段时,为了使程序简洁、减少出错率及提高编程的效率,应尽量以最少的程序段完成零件的加工。在编程中,工件精加工的程序段一般由其几何要素及工艺路线确定的各程序段构成。因此,应重点考虑如何使粗加工的程序段和辅助的程序段最少。例如,在粗加工中尽量采用固定循环语句,尽量避免每次进给后返回固定点。

2)进给路线最短

进给路线泛指刀具从对刀点开始运动起,直至返回该点并结束加工程序所经过的路径,包括切削加工的路径及刀具引入、切出等非切削加工的路径。在保证加工质量的前提下,使加工程序具有最短的进给路线,不仅可以节省整个加工过程的执行时间,还能减少一些不必要的刀具消耗及车床进给机构滑动部件的磨损。

由于精加工切削过程的走刀路线基本上都是沿着工件轮廓顺序进行的,因此,确定走刀路线的重点在于确定粗加工及空行程的走刀路线。

① 合理利用刀具起点。

如图 3-17 所示,刀具起刀点离工件的距离越近,走刀路线越短,加工时间越短,效率就越高。

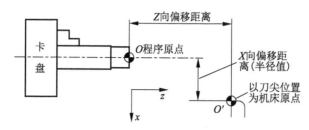

图 3-17　合理利用刀具起点

② 选用最短的切削进给路线。

最短的切削进给路线不仅可以有效地提高生产效率,还可以大大减少刀具的损耗。由图 3-18 所示的 3 种切削进给路线对比可知,矩形进给线路的走刀总长度最短,且循环加工的程序段格式简单。因此,在制订加工方案时矩形进给路线的应用最多。

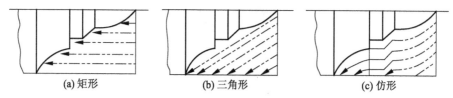

(a) 矩形　　　　　　　(b) 三角形　　　　　　　(c) 仿形

图 3-18　矩形、三角形和仿形循环进给路线

③ 灵活选用不同形式的切削路线。

（3）车削端面、外圆、台阶的走刀路线的确定

1）端面走刀路线

单件工件加工时,一般可在对刀时车出端面;批量工件加工时,粗车时可选择 90°外圆车刀从外圆向回转中心走刀,精车时则相反。

2）外圆走刀路线

如果切削余量较小,就可按工件轮廓从右向左走刀;如果切削余量较大,就需要安排多次走刀路线。

3）台阶走刀路线

台阶的粗加工可按外圆加工路线依次进行。车削台阶时可按就近原则自右向左进行加工。精车时,从起点开始沿工件轮廓连续走刀到终点即可。

2. G80、G81 及倒角编程指令

（1）内(外)圆单一固定循环指令 G80

【格式】　G80 X ＿ Z ＿ F ＿

【说明】

① X、Z:绝对值编程时,为切削终点 C 在工件坐标系下的坐标;增量值编程时,为切

削终点 C 相对于循环起点 A 的有向距离,图形中用 u、w 表示,其符号由轨迹 1R 和 2F 的方向确定。

② G80 指令执行如图 3-19 所示 A→B→C→D→A 的运动轨迹。

③ G80 为模态指令。

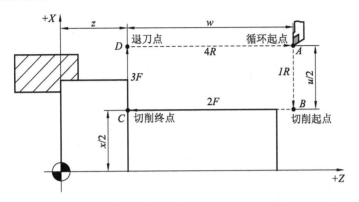

图 3-19　G80 固定循环指令运动轨迹

【注意】

① G80 固定循环指令每次加工结束后,刀具均回到起点。

② G80 固定循环指令第一步沿 X 轴方向移动。

【例 3-4】　加工如图 3-13 所示的零件,应用 G80 指令编程。

解:应用 G80 指令编写加工程序,参考程序如下:

```
%0001
N1 T0101
N2 M03 S600
N3 G00 X50 Z2
N4 G80 X39 Z-29.9 F150
N5 X35
N6 X29 Z-19.9
N7 X27
N8 X21 Z-9.9
N9 X15
N10 G00 X100 Z100
N11 T0202
N12 M03 S1000
N13 G00 X50 Z2
N14 X0
N15 G01 Z0 F80
N16 X14
N17 Z-10
```

N18 X26

N19 Z-20

N20X34

N21Z-30

N22 X48

N23 G00 X100 Z100

N24 M05

（2）端面切削循环指令 G81

【格式】　G81 X __ Z __ F __

【说明】

① X、Z:绝对值编程时,为切削终点 C 在工件坐标系下的坐标;增量值编程时,为切削终点 C 相对于循环起点 A 的有向距离,图形中用 u、w 表示,其符号由轨迹 1R 和 2F 的方向确定。

② G81 指令执行如图 3-20 所示 A→B→C→D→A 的运动轨迹。

③ G81 为模态指令。

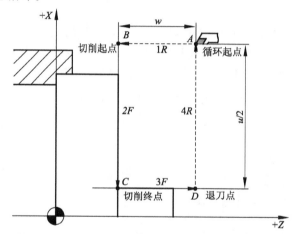

图 3-20　G81 端面固定循环指令运动轨迹

【例 3-5】　加工如图 3-21 所示的零件,应用 G81 指令编程。

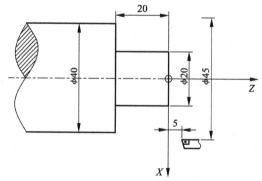

图 3-21　例 3-5 零件图

解:应用 G81 指令编写加工程序,参考程序如下:

```
%0002
N10 G94
N20 M03 S500 T0101
N30 G00 X45 Z5
N40 G81 X20 Z-3.5 F100
N50 X20 Z-7
N60 X20 Z-10
N70 G00 X100 Z100
N80 M05
N90 M30
```

(3)倒角加工编程指令

【格式】　 G01 X(U)__ Z(W)__ C __

【说明】

① 该指令用于直线后倒直角,如图 3-22 所示,指令刀具从点 A 到点 B,然后到点 C。

② X、Z:绝对编程时,为未倒角前两相邻程序段轨迹的交点 G 的坐标值。

③ U、W:增量编程时,为点 G 相对于起始直线轨迹的起始点 A 的移动距离。

④ C:倒角终点 C 相对于相邻两直线的交点 G 的距离。

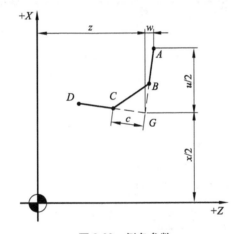

图 3-22　倒角参数

(4)切削液打开、停止指令

M07:打开雾状切削液;M08:打开液状切削液;M09:关闭切削液。M07、M08 为模态前作用 M 功能;M09 为模态后作用 M 功能,缺省值为 M09。

3. 刀具磨损偏置补偿

在数控车削中,刀具使用一段时间后因磨损而使工件的尺寸出现误差。在对刀中,如果输入的数据不准确,就会使工件的尺寸出现误差。这些误差可通过刀具磨损偏置补偿给予解决。刀具磨损偏置补偿的步骤如下:

① 数据系统设置在手动工作方式下。

② 测量、计算补偿值。

例如，某工件外圆直径在粗加工后的尺寸应该是 ϕ35.5 mm，但实际测得的直径为 ϕ35.53 mm，尺寸偏大 0.03 mm，需补偿的值为 -0.03 mm。

③ 输入补偿值。

在功能主菜单下，按【刀具补偿 F4】键进入子菜单，再按【刀偏表 F1】键，系统进入刀具磨损设置界面，如图 3-23 所示。将光标移动到相应刀具号"X 磨损"内，输入"-0.03"即可。Z 方向尺寸有偏差时，也可用同样的方法修改。

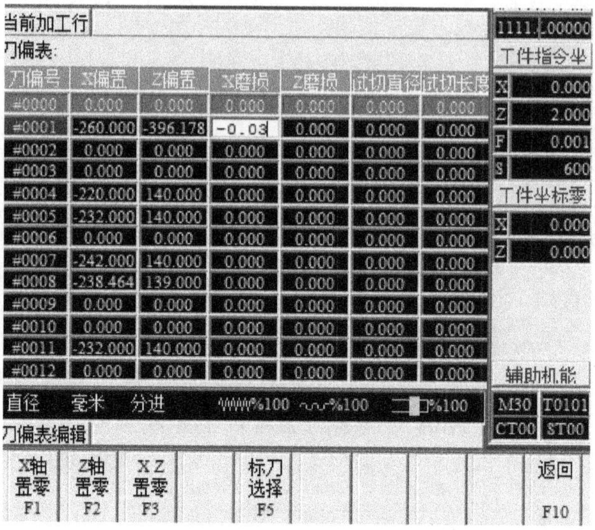

图 3-23　刀具磨损偏置补偿

3.2.4　任务实施

1. 准备工作

① 工件：45 钢；毛坯尺寸：ϕ65 mm×72 mm。

② 设备：CJK6140 数控车床、华中数控系统。

③ 加工中所需工具、量具、刀具清单见表 3-9。

表 3-9　工具、量具、刀具清单

序号	名称	规格	数量	备注
1	千分尺	0~25 mm	1	
2	千分尺	25~50 mm	1	
3	千分尺	50~75 mm	1	
4	游标卡尺	0~150 mm	1	
5	外圆粗车刀	93°	1	T01
6	外圆精车刀	93°	1	T02
7	端面车刀	45°	1	T03

2. 加工方案

台阶轴的加工方案如下：

① 三爪卡盘装夹毛坯,车端面光外圆至 φ64 mm。

② 工件调头,装夹 φ64 mm 外圆,车端面控制总长,粗车 φ45 mm、φ50 mm、φ10 mm 外圆,留精车余量 0.5 mm。

③ 精车 φ50 mm×15 mm、φ45 mm×25 mm、φ10 mm×10 mm 外圆。

④ 工件调头,先装夹 φ45 mm 外圆,再精车 φ60 mm×30 mm 外圆。

3. 加工工艺卡

台阶轴数控加工工艺卡见表 3-10。

表 3-10　台阶轴数控加工工艺卡

工步号	工步内容		刀具	转速/ (r·min⁻¹)	进给速度/ (mm·min⁻¹)	背吃刀量/ mm	操作方式
1	装夹 1:三爪自定心卡盘夹持工件左端,伸出长度为 40 mm	光外圆	T01	700		0.5	手动
2		车右端面	T03	800		0.5	
3	装夹 2:工件调头,三爪自定心卡盘夹持 φ64 mm 外圆,伸出长度为 50 mm	光外圆,车端面控制总长	T03	800			手动
4		粗车外圆(φ65 mm×40 mm→ φ60 mm×40 mm)	T01	800	150	2.5	自动
5		粗车外圆(φ60 mm×40 mm→ φ55 mm×40 mm)					
6		粗车外圆(φ55 mm×40 mm→ φ51 mm×40 mm)					
7		粗车外圆(φ51 mm×25 mm→ φ48 mm×25 mm)				1.5	
8		粗车外圆(φ48 mm×25 mm→ φ46 mm×25 mm)				1	
9		粗车端面(φ46 mm×1.5 mm→ φ11 mm×1.5 mm)	T03			1.5	
10		粗车端面(φ46 mm×3 mm→ φ11 mm×3 mm)					
11		粗车端面(φ46 mm×4.5 mm→ φ11 mm×4.5 mm)					
12		精车外圆:φ50 mm×15 mm、 φ45 mm×25 mm、φ10 mm×5 mm	T02	1 000	80	0.5	
13	装夹 3:工件调头,装夹 φ45 mm 外圆,伸出长度为 45 mm	粗车外圆(φ64 mm×30.5 mm→ φ61 mm×30.5 mm)	T01	800	150	1.5	自动
14		精车外圆(φ61 mm×30.5 mm→ φ60 mm×30.5 mm)	T02	1 000	80	0.5	自动

4. 加工程序

（1）粗、精车台阶轴右端

台阶轴右端的参考加工程序如下：

```
%0001
N10 G94
N20 T010
N30 M03 S500
N40 G00 X66 Z2
N50 G80 X61 Z-40 F150
N60 X55 Z-40
N70 X51 Z-40
N80 G00 X52 Z2
N90 G80 X48 Z-25 F150
N100 X46 Z-25
N110 G00 X100 Z100
N120 T0303
N130 G00 X47 Z2
N140 G81 X10.5 Z-1.5
N150 X11 Z-3
N160 X11 Z-4.5
N170 G00 X100 Z100
N180 M00
N190 T0202
N200 G00 X0 Z2 S1000
N210 G01 Z0 F80
N220 X9.99 Z0 C1
N230 Z-5
N240 X44.99 Z-5 C1
N250 Z-25
N260 X49.99 Z-25 C1
N270 Z-40
N280 X60 C1
N290 W-5
N300 X66
N310 G00 X100 Z100
N320 M05
N330 M30
```

（2）粗、精车台阶轴左端

台阶轴左端的参考加工程序如下：

    %0001

    N10 G94

    N20 T0101

    N30 M03 S500

    N40 G00 X65 Z2

    N50 G80 X62 Z−30 F150

    N60 X61 Z−30

    N70 G00 X100 Z100

    N80 T0202

    N90 G00 X0 Z2

    N100 G01 Z0 F80

    N110 G01 X59.99 C1

    N120 Z−30.5

    N130 G00 X100 Z100

    N140 M05

    N150 M30

5．加工操作

台阶轴的加工操作步骤如下：

① 开机后输入加工程序；

② 校验加工程序；

③ 装夹工作并找正；

④ 装刀并检查确认无干涉；

⑤ 在手动方式下光外圆，长度车至 35 mm，然后车端面；

⑥ 工件调头后装夹 ϕ64 mm 外圆，伸出长度为 50 mm；

⑦ 对 T01、T02、T03 三把刀进行第一次对刀；

⑧ 在手动方式下，光外圆，车端面，控制总长，留余量 0.5 mm；

⑨ 调用程序%0001，在自动或单步方式下，车右端各段外圆；

⑩ 暂停程序，测量工件，进行刀偏补偿；

⑪ 精车工件右端的各段外圆；

⑫ 再次调头，装夹 ϕ45 mm 外圆，伸出长度为 45 mm；

⑬ 对 T01、T02 两把车刀进行第二次对刀；

⑭ 调用程序%0002，在自动或单步方式下，车 ϕ60 mm 外圆；

⑮ 程序结束后，在手动方式下拆卸工件；

⑯ 测量、检验工件。

6．加工误差分析

端面加工是工件加工中不可或缺的工序，直接或间接地影响工件的整体尺寸精度，因此有必要对加工中出现的质量问题进行分析,详见表 3-11。

表 3-11 端面加工误差分析

误差现象	产生原因	预防和消除方法
端面加工时长度尺寸超差	① 刀具数据不正确; ② 尺寸计算误差; ③ 程序错误	① 调整或重新设定刀具数据; ② 正确进行尺寸计算; ③ 检查、修改加工程序
端面粗糙度太差	① 切削速度过低; ② 刀具中心高度过高; ③ 切屑的控制较差; ④ 刀尖产生积屑瘤; ⑤ 切削液选择不合理	① 增大主轴速度; ② 调整刀具的中心高度; ③ 选择合理的进刀方式及切深; ④ 选择合理的切削速度; ⑤ 选择正确的切削液
端面中心处有凸台	① 程序错误; ② 刀具中心高度过高; ③ 刀具损坏	① 检查、修改加工程序; ② 调整刀具的中心高度; ③ 更换刀具
加工过程出现扎刀	① 进给量过大; ② 刀具角度选择不合理	① 减少进给量; ② 选择合适的刀具角度
工件端面凹凸不平	① 车床主轴间隙过大; ② 程序错误; ③ 切削用量选择不当	① 调整车床主轴间隙; ② 检查、修改加工程序; ③ 合理选择切削用量

3.2.5 任务评价

车削台阶轴的考核评分标准见表 3-12。

表 3-12 车削台阶轴的考核评分标准

序号	项目与权重	考核内容及要求	配分		评分标准
			IT	Ra	
1		$\phi 10_{-0.021}^{0}$ mm, $Ra1.6$ μm	7	3	不合格全扣
2		$\phi 45_{-0.025}^{0}$ mm, $Ra1.6$ μm	7	3	不合格全扣
3		$\phi 50_{-0.025}^{0}$ mm, $Ra1.6$ μm	7	3	不合格全扣
4		$\phi 60_{-0.033}^{0}$ mm, $Ra1.6$ μm	7	3	不合格全扣
5	工件加工(52%)	(70±0.05) mm, $Ra3.2$ μm	2	1	不合格全扣
6		(40±0.05) mm, $Ra3.2$ μm	2	1	不合格全扣
7		(10±0.05) mm, $Ra3.2$ μm	2	1	不合格全扣
8		倒角 C1	2		不合格全扣
9		未注公差	1		不合格全扣
10		程序的正确性	5		错一处扣2分
11	程序与加工工艺 (20%)	加工步骤、路线、切削用量	5		错一处扣2分
12		刀具选择及安装	5		不正确全扣
13		装夹方式	5		不正确全扣

续表

序号	项目与权重	考核内容及要求	配分		评分标准
			IT	Ra	
14	车床操作(14%)	对刀的正确性	4		不正确全扣
15		坐标系设定的正确性	4		不正确全扣
16		车床操作的正确性	6		错一处扣2分
17	文明生产(14%)	安全操作	5		出错全扣
18		车床维护与保养	5		不合格全扣
19		工作场所整理	4		不合格全扣
总配分			100		

思考与练习

3-1　常用的轴类零件装夹方式有哪几种?

3-2　常用车刀的刀位点在哪里?

3-3　简述刀具补偿的作用及补偿的方法。

3-4　加工如图 3-24 所示的零件,试用 G01、G00 等基本指令编写加工程序。

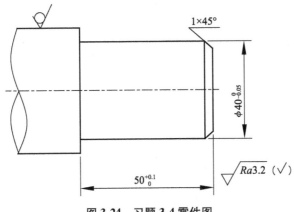

图 3-24　习题 3-4 零件图

3-5　说明加工倒角的指令格式及其参数含义。

3-6　说明 G80、G81 外圆及端面单一固定循环指令的格式及其参数含义。

3-7　在 CJK6140 数控车床上加工工件,工件的材料为 45 钢,刀具的材料为硬质合金,当背吃刀量 a_p 为 1.5 mm 时,主轴转速的选取范围为多少?

3-8　加工如图 3-24 所示的零件,试用 G80 指令编写加工程序。

3-9　加工如图 3-25 所示的零件,试用 G80、G81 及倒角指令编写加工程序。

3-10 常见的外圆、端面加工误差有哪些?

3-11 工件外圆尺寸超差的原因及预防方法有哪些?

3-12 切削用量的选择顺序是什么?为什么选择这样的顺序?

3-13 选择硬质合金外圆车刀车削外圆柱面,直径为 φ30 mm,工件材料为中碳钢,如果切削速度为 100 m/min,进给量为 0.3 mm/r,试计算主轴的转速和进给速度。

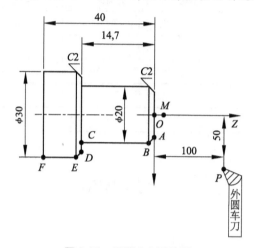

图 3-25 习题 3-9 零件图

第4章 | **锥面与圆弧加工**

锥面与圆弧加工是车削加工中常见的加工内容之一。本章主要介绍锥面和圆弧加工的特点、工艺、程序的编制、加工误差分析等内容。

4.1 锥度心轴的加工

学 习 目 标

了解刀具补偿的概念,并掌握刀具补偿号的使用方法;了解锥面加工的特点;掌握 G80、G81、G40、G41、G42 等编程指令的使用方法,能够按照图样的要求合理安排加工工艺,完成锥面零件的加工。

4.1.1 任务描述

根据锥面的加工特点,分析加工工艺,编制加工工序,并在华中系统 CJK6140 数控车床上完成图 4-1 所示锥度心轴的加工。

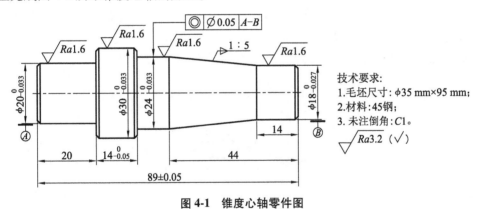

图 4-1 锥度心轴零件图

4.1.2 任务分析

锥度心轴为回转体类零件。该锥度心轴的径向基准为轴线,轴向基准为两端面。其外圆 $\phi18$ mm、$\phi20$ mm、$\phi24$ mm、$\phi30$ mm 都有加工精度要求,轴向尺寸也有精度要求。同时,$\phi24$ mm 圆柱面对基准 A–B 的同轴度不超过 0.05 mm。

为了完成锥度心轴的加工,保证同轴度的要求,应先车一个工艺台阶,二次装夹时应找正同轴度。此外,要满足其锥度的要求,应选择合理的锥面走刀路线、刀具半径补偿指令和刀补号等。

4.1.3 相关知识技能

1. 刀具的半径补偿

刀具的补偿分为刀具的几何补偿和刀具的半径补偿。刀具的几何补偿包括刀具的偏置补偿和刀具的磨损补偿。刀具的偏置补偿包括绝对刀具偏置补偿和相对刀具偏置补偿。前面已经介绍了刀具的几何位置补偿,本任务主要介绍刀具的半径补偿。

（1）刀具半径补偿的作用

编制加工程序时,通常将刀尖假想为一个刀位点,如图 4-2 中所示的点 A。实际上刀尖是有圆弧的,即图 4-2 中的 MN 圆弧。在切削内孔、外圆和端面时,刀尖圆弧不影响工件的加工尺寸和形状;在切削锥面和圆弧时,如果忽略刀尖的圆弧,就会导致刀具的实际轨迹与编程轨迹不吻合,从而产生一定误差。

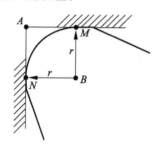

A—刀具理想尖锐点；B—刀尖圆弧圆心；M—外圆加工切削点；N—端面加工切削点。

图 4-2 车刀刀尖示意

从图 4-3 中可知,当采用假象刀尖编程时,刀具的实际加工轨迹和工件要求的轮廓形状存在误差,误差大小与圆弧半径 r 有关。若采用刀具圆弧中心编程并使用半径补偿功能,则刀具的实际加工轨迹和工件要求的轮廓相符合,误差被消除。

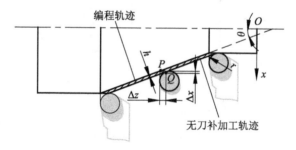

图 4-3 刀尖半径补偿时刀具轨迹

（2）刀尖方位的设置

假想车刀刀尖相对于圆弧中心的方位与刀具的移动方向有关,它直接影响圆弧车刀补偿计算的结果。车刀的形状有很多种,使用时其安装位置也各异,并由此决定刀尖圆弧所在位置。当把代表车刀形状和位置的参数输入数据库时,以刀尖方位号 TIP 表示。刀尖 P 的方位有 8 种,分别用数字代码 1~8 表示,同时规定刀尖取圆弧中心位置时,代码为 0 或 9，如图 4-4 所示。

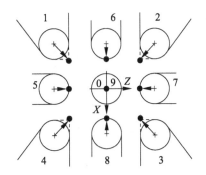

●代表刀具刀位点 A；+代表刀尖圆弧圆心 O。

图 4-4　刀尖方位号

（3）刀尖补偿号

华中数控系统刀具的补偿功能由代码 T 指定，其后的 4 位数字分为两组，前两位数字表示选择的刀具号，后两位数字表示刀具的偏置补偿号。

【格式】　T ___

【说明】

① 刀具号是刀具偏置补偿寄存器的地址号，该寄存器用于存放刀具的 X 轴和 Z 轴偏置补偿值、刀具的 X 轴和 Z 轴磨损补偿值，如图 4-5 所示。

② 刀具补偿号是刀具半径补偿寄存器的地址号，补偿号 00 表示补偿量为 0，即取消补偿功能。刀具补偿号可以是 01~99 中的任意一个数值。

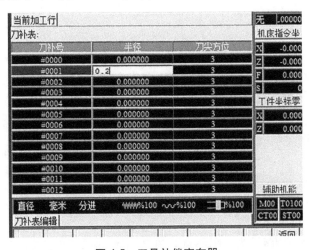

图 4-5　刀具补偿寄存器

2. 锥面加工线路分析

假设圆锥大径为 D，小径为 d，锥长为 L，在数控车床上车削外圆锥面的加工路线如图 4-6 所示。

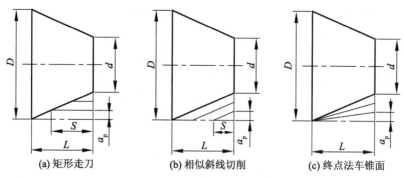

图 4-6　圆锥面车削加工路线

① 图 4-6a 所示为矩形走刀路线,其中两刀粗车的终刀距 S 可由三角形相似定律计算得出,即

$$S = \frac{L\left(\dfrac{D-d}{2}-a_p\right)}{\dfrac{D-d}{2}} = \frac{L(D-d-2a_p)}{D-d}$$

采用矩形走刀方法的加工路线时,粗车时刀具的背吃刀量相同,但是精车时刀具的背吃刀量不同。矩形走刀加工时,刀具切削运动的路线最短,但需要计算每次走刀的终点坐标值。

② 图 4-6b 所示为相似斜线切削路线,其中两刀粗车的终刀距 S 可由三角形相似定律计算得出,即

$$S = \frac{4La_p}{D - d}$$

采用该方法加工时,每次刀具的背吃刀量相等,切削运动的路线较短,但需要计算每次走刀的终点坐标值。

③ 图 4-6c 所示为终点法车锥面的加工路线,该方法只需确定每次刀具的背吃刀量,不需要计算终点刀距 S,编程方便,但每次切削时,刀具的背吃刀量是变化的,导致表面加工质量不高,且切削运动的路线较长。

3. 编程指令

(1) 圆锥面内(外)径切削循环指令 G80

【格式】　　G80 X(U)__ Z(W)__ I __ F __

【说明】

① X、Z:绝对值编程时,为切削终点 C 在工件坐标系下的坐标;增量值编程时,为切削终点 C 相对于循环起点 A 的有向距离,用 U、W 表示。

② I:切削起点 B 与切削终点 C 的半径差。

③ G80 指令执行如图 4-7 所示 $A \rightarrow B \rightarrow C \rightarrow D \rightarrow A$ 的运动轨迹。

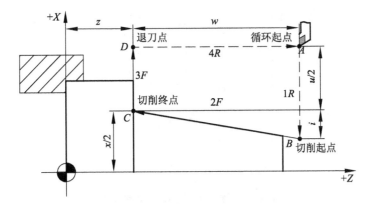

图 4-7　圆锥面内(外)径切削循环指令 G80 的执行轨迹

【例 4-1】　用 G80 指令编程加工如图 4-8 所示的零件,双点画线代表毛坯。

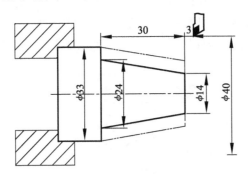

图 4-8　例 4-1 零件图

解:采用 G80 指令编程,参考程序如下:

```
%0001
N10 G94
N20 T0101
N30 M03 S500
N40 G00 X40 Z3
N50 G91 G80 X-10 Z-33 I-5.5 F100
N60 X-13 Z-33 I-5.5
N70 X-16 Z-33 I-5.5
N80 G00 X100 Z100
N90 M05
N100 M30
```

(2) 圆锥端面切削循环指令 G81

【格式】　G81 X(U)__ Z(W)__ K __ F __

【说明】

① G81 指令执行如图 4-9 所示 A→B→C→D→A 的运动轨迹。

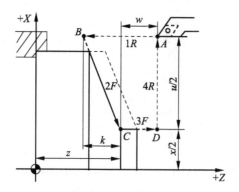

图 4-9　圆锥端面切削循环指令 G81

② X、Z:绝对值编程时,为切削终点 C 在工件坐标系下的坐标;增量值编程时,为切削终点 C 相对于循环起点 A 的有向距离,用 U、W 表示,其符号由轨迹 1R 和 2F 的方向确定。

③ K:切削起点 B 相对于切削终点 C 的 Z 方向有向距离。

【例 4-2】　用 G81 指令编程加工如图 4-10 所示的零件,双点画线代表毛坯。

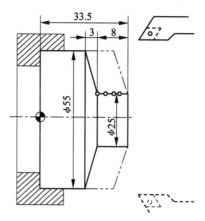

图 4-10　例 4-2 零件图

解:采用 G81 指令编程,参考程序如下:

```
%0002
N10 G94
N20 T0101
N30 M03 S500
N40 G90 G00 X60 Z45
N50 G81 X25 Z31.5 K−3.5 F100
N60 X25 Z29.5 K−3.5
N70 X25 Z27.5 K−3.5
N80 X25 Z25.5 K−3.5
N90 G00 X100 Z100
N100 M05
```

N110 M30

（3）G40、G41、G42 刀具半径补偿指令

【格式】
$$\begin{bmatrix} G40 \\ G41 \\ G42 \end{bmatrix} \begin{Bmatrix} G00 \\ G01 \end{Bmatrix} X \underline{\quad} Z \underline{\quad} F \underline{\quad}$$

【说明】

① G40:取消刀尖半径补偿。

② G41:左刀补(在刀具前进方向左侧补偿),如图 4-11 所示。

③ G42:右刀补(在刀具前进方向右侧补偿),如图 4-11 所示。

④ X、Z:G00/G01 的参数,即建立刀补或取消刀补的终点。

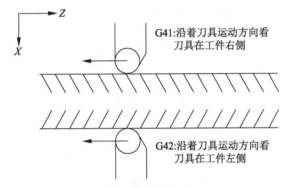

图 4-11　左刀补和右刀补的判断

⑤ 刀具半径补偿指令的实现过程:首先,刀具中心从与编程轨迹重合过渡到与编程轨迹偏离一个偏置量,完成刀具半径补偿的建立,如图 4-12 所示;其次,加工过程中刀具中心始终与编程轨迹保持设定的偏置量,即进行的刀具半径补偿;最后,刀具中心从与编程轨迹偏离过渡到与编程轨迹重合,完成刀具半径补偿的取消,如图 4-13 所示。

图 4-12　刀具半径补偿建立　　　　　图 4-13　刀具半径补偿取消

【注意】

① 在建立、取消刀具半径补偿时所用使用的 G41、G42、G40 指令的程序段中,必须同时使用 G00 或 G01 指令,不能使用 G02 或 G03 指令。

② 当刀具半径补偿取负值时,G41 和 G42 指令的功能互换。

③ 在调用新刀具前或更改刀具补偿方向时,必须取消前一个刀具补偿。

④ G41、G42 指令不带参数,其补偿号由 T 代码指定,其刀具补偿号与刀具偏置补偿号对应。

⑤ G41、G42、G40 是模态代码。

⑥ 在 G41 或 G42 程序段后加 G40 程序段,即可取消刀具半径补偿。程序的最后必须以取消偏置状态结束,否则刀具停在与终点位置偏移一个矢量的位置上。

⑦ 在使用 G41 和 G42 指令之后的程序段中,不能连续出现两个或两个以上的不移动指令,否则 G41 和 G42 会失效。

【例 4-3】 使用 90°外圆车刀加工如图 4-14 所示的零件,考虑刀具半径补偿,编制零件的加工程序。

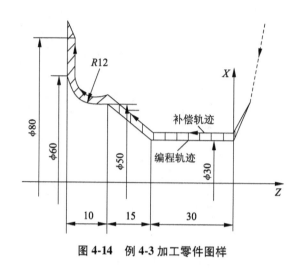

图 4-14 例 4-3 加工零件图样

解:应用刀具半径补偿指令编写零件的加工程序,参考程序如下:

```
%0003
N10 T0101
N20 M03 S600
N30 G00 X100 Z5
N40 X30
N50 G42 G01 X30 Z5 F100
N60 G01 Z-30
N70 X50 Z-45
N80 G02 X65 Z-55 R12
N90 G01 X80
N100 G40 G00 X100
N110 Z100
N120 M05
N130 M30
```

4.1.4　任务实施

1. 准备工作

① 工件:45 钢;毛坯尺寸:$\phi35$ mm×95 mm。

② 设备:CJK6140 数控车床、华中数控系统。

③ 加工中所需工具、量具、刀具清单见表 4-1。

表 4-1　工具、量具、刀具清单

序号	名称	规格	数量	备注
1	千分尺	0~25 mm	1	
2	千分尺	25~50 mm	1	
3	游标卡尺	0~150 mm	1	
4	外圆粗车刀	93°	1	T01
5	外圆精车刀	93°	1	T02
6	端面车刀	45°	1	T03
7	回转顶尖	60°	1	
8	固定顶尖	60°	1	
9	中心钻	B3.15/10	1	
10	鸡心夹		1	

2. 加工方案

锥度心轴的加工方案如下:

① 装夹毛坯,车端面,光外圆。

② 工件调头,车端面,控制总长,钻中心孔,粗车右端的 $\phi20$ mm、$\phi30$ mm 外圆,留精车余量 0.5 mm。

③ 调头钻中心孔。

④ 采用一夹一顶方式装夹,粗车另一端的 $\phi24$ mm、$\phi18$ mm 外圆及锥度 1:5,留精车余量 0.5 mm。

⑤ 用两顶尖方式装夹工件,完成所有外圆的精加工。

3. 加工工艺卡

锥度心轴数控加工工艺卡见表 4-2。

表 4-2 锥度心轴数控加工工艺卡

工步号	工步内容		刀具	转速/ (r·min⁻¹)	进给速度/ (mm·min⁻¹)	背吃刀量/ mm	操作方式
1	装夹1：三爪自定心卡盘夹持工件右端，伸出长度为45 mm	车左端面	T03	800	100	0.5	手动
2		钻中心孔		1 100			
3		粗车外圆(ϕ35 mm×34 mm→ϕ33 mm×34 mm)	T01	800	150	1	自动
4		粗车外圆(ϕ33 mm×34 mm→ϕ30.5 mm×34 mm)				1.25	
5		粗车外圆(ϕ30.5 mm×34 mm→ϕ27.5 mm×20 mm)				1.5	
6		粗车外圆(ϕ27.5 mm×20 mm→ϕ24.5 mm×20 mm)				1.5	
7		粗车外圆(ϕ24.5 mm×20 mm→ϕ22.5 mm×20 mm)				1	
8		粗车外圆(ϕ22.5 mm×20 mm→ϕ20.5 mm×20 mm)				1	
9	装夹2：调头，三爪自定心卡盘夹持工件左端	车端面，控制总长	T02	800	100	0.5	手动
10		钻中心孔		1 100			
11		粗车外圆(ϕ35 mm×55 mm→ϕ32 mm×55 mm)	T01	800	150	1.5	自动
12		粗车外圆(ϕ32 mm×55 mm→ϕ29 mm×55 mm)	T01	800	150	1.5	自动
13		粗车外圆(ϕ29 mm×55 mm→ϕ26 mm×55 mm)	T01	800	150	1.5	自动
14		粗车外圆(ϕ26 mm×55 mm→ϕ24.5 mm×55 mm)	T01	800	150	1	自动
15		粗车外圆(ϕ24.5 mm×55 mm→ϕ23.5 mm×41.5 mm)	T01	800	150	1	自动
16		粗车外圆(ϕ23.5 mm×41.5 mm→ϕ22.5 mm×36.5 mm)	T01	800	150	0.5	自动
17		粗车外圆(ϕ22.5 mm×36.5 mm→ϕ21.5 mm×31.5 mm)	T01	800	150	0.5	自动
18		粗车外圆(ϕ21.5 mm×31.5 mm→ϕ20.5 mm×26.5 mm)	T01	800	150	0.5	自动
19		粗车外圆(ϕ20.5 mm×26.5 mm→ϕ19.5 mm×21.5 mm)	T01	800	150	0.5	自动
20		粗车外圆(ϕ19.5 mm×21.5 mm→ϕ18.5 mm×15.5 mm)	T01	800	150	0.5	自动

工步号	工步内容		刀具	转速/ (r·min⁻¹)	进给速度/ (mm·min⁻¹)	背吃刀量/ mm	操作方式
21	装夹 3:用鸡心夹、两顶尖装夹	精车锥度心轴右端	T02	1 000	80	0.25	自动
22	装夹 4:用鸡心夹、两顶尖装夹	精车锥度心轴左端	T02	1 000	80	0.25	自动

4. 加工程序

（1）粗车锥度心轴左端

工件左端的粗加工程序如下：

```
%0001
N10 G94
N20 T0101
N30 M03 S800
N40 G00 X35 Z2
N50 G80 X33 Z-34 F150
N60 X30.5 Z-34
N70 X27.5 Z-20
N80 X24.5 Z-20
N90 X22.5 Z-20
N100 X20.5 Z-20
N110 G00 X100 Z100
N120 M05
N130 M30
```

（2）粗车锥度心轴右端

工件右端的粗加工程序如下：

```
%0002
N10 G94
N20 T0101
N30 M03 S800
N40 G00 X35 Z2
N50 G80 X32 Z-55 F150
N60 X29 Z-55
N70 X26 Z-55
N80 X24.5 Z-55
N90 X23.5 Z-41.5
N100 X22.5 Z-36.5
```

```
        N110 X21.5 Z−31.5
        N120 X20.5 Z−26.5
        N130 X19.5 Z−21.5
        N140 X18.5 Z−15.5
        N150 G00 X100 Z100
        N160 M05
        N170 M30
```

（3）精车锥度心轴左端

工件左端的精加工程序如下：

```
        %0003
        N10 G94
        N20 T0202
        N30 M03 S1000
        N40 G42 G00 X30 Z2
        N50 X13.98
        N60 G01 X19.98 Z−1 F80
        N70 Z−20
        N80 X27.98
        N90 X29.98 Z−21
        N100 Z−34
        N110 G40 G00 X100 Z100
        N120 M05
        N130 M30
```

（4）精车锥度心轴右端

工件右端的精加工程序如下：

```
        %0004
        N10 G94
        N20 T0202
        N30 M03 S1000
        N40 G42 G00 X30 Z2
        N50 X11.99
        N60 G01 X17.99 Z−1 F80
        N70 Z−14
        N80 X23.98 Z−44
        N90 Z−55
        N100 X27.98
        N110 X31.98 Z−57
        N120 G40 G00 X100 Z100
```

　　　　N130 M05

　　　　N140 M30

5. 加工操作

锥度心轴的加工操作步骤如下：

① 输入程序，并校验；

② 装工件，装刀具；

③ 自动加工；

④ 测量、检验工件。

6. 加工误差分析

锥面加工的误差分析见表 4-3。

表 4-3　锥面加工误差分析

误差现象	产生原因	预防和消除方法
锥度不符合要求	① 加工程序错误； ② 工件装夹不正确	① 检查、修改加工程序； ② 检查工件并增加装夹刚度
切削过程中出现振动	① 工件装夹不正确； ② 刀具安装不正确； ③ 切削参数不正确	① 正确装夹工件； ② 正确装夹刀具； ③ 编程时合理选择切削参数
锥面径向尺寸不符合要求	① 加工程序错误； ② 刀具磨损； ③ 没有考虑刀具半径补偿	① 检查、修改加工程序； ② 及时更换磨损严重的刀具； ③ 编程时考虑刀具半径补偿
切削过程中出现干涉	工件倾斜角度大于刀具后角	① 正确选择刀具； ② 改变切削方式

4.1.5　任务评价

车削锥度心轴的考核评分标准见表 4-4。

表 4-4　车削锥度心轴的考核评分标准

序号	项目与权重	考核内容及要求	配分		评分标准
			IT	Ra	
1		$\phi30_{-0.033}^{0}$ mm，$Ra1.6$ μm	6	2	不合格全扣
2		$\phi24_{-0.033}^{0}$ mm，$Ra1.6$ μm	6	2	不合格全扣
3		$\phi20_{-0.033}^{0}$ mm，$Ra1.6$ μm	6	2	不合格全扣
4		$\phi18_{-0.027}^{0}$ mm，$Ra1.6$ μm	6	2	不合格全扣
5	工件加工（50%）	锥度 1：5，$Ra3.2$ μm	6	2	不合格全扣
6		$14_{-0.05}^{0}$ mm，$Ra3.2$ μm	3		不合格全扣
7		（89±0.05）mm，$Ra3.2$ μm	3		不合格全扣
8		倒角 $C1$	2		不合格全扣
9		未注公差	2		不合格全扣

续表

序号	项目与权重	考核内容及要求	配分		评分标准
			IT	Ra	
10	程序与加工工艺（20%）	程序的正确性	6		错一处扣2分
11		加工步骤、路线、切削用量	6		错一处扣2分
12		刀具选择及安装	4		不正确全扣
13		装夹方式	4		不正确全扣
14	车床操作（15%）	对刀的正确性	5		不正确全扣
15		坐标系设定的正确性	4		不正确全扣
16		车床操作的正确性	6		错一处扣2分
17	文明生产（15%）	安全操作	5		出错全扣
18		车床维护与保养	5		不合格全扣
19		工作场所整理	5		不合格全扣
总配分			100		

4.2 手柄的加工

学 习 目 标

了解手柄圆弧加工的特点；掌握节点的一般计算方法；掌握 G02、G03 等编程指令的使用方法，能够按图样的尺寸要求完成零件的编程和加工。

4.2.1 任务描述

根据手柄圆弧的加工特点，分析加工工艺，编制加工程序，并在华中系统 CJK6140 数控车床上完成如图 4-15 所示手柄的加工。

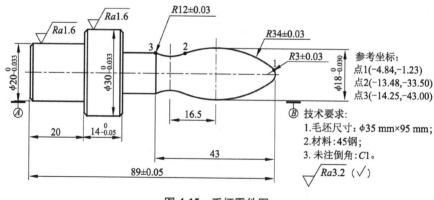

参考坐标：
点1(-4.84,-1.23)
点2(-13.48,-33.50)
点3(-14.25,-43.00)

技术要求：
1. 毛坯尺寸：φ35 mm×95 mm；
2. 材料：45钢；
3. 未注倒角：C1。

图 4-15 手柄零件图

4.2.2　任务分析

在 4.1 节中加工完成的锥度心轴的基础上继续加工手柄。手柄主要由几段圆弧组合而成。手柄的径向基准为轴线,轴向基准为左端面。手柄的圆弧尺寸精度要求相对不高,但应保证总长度的尺寸符合要求。

手柄的加工满足尺寸精度、位置精度等技术要求,其中主要涉及各段圆弧节点的计算、圆弧加工编程、刀补参数的选择以及圆弧加工路线的选择等问题。因此,需要掌握圆弧插补指令 G02、G03 的使用方法。

4.2.3　相关知识与技能

1. 圆弧加工路线分析

如果使用编程指令控制数控车床的操作,采用一刀连续车削的方式加工圆弧,那么刀具的吃刀量会太大,容易打刀。因此,实际车削圆弧时需要采用多刀加工方式,即先将大部分余量切除,再精车得到所需圆弧。

（1）阶梯法车削

阶梯法车削圆弧的加工路线如图 4-16 所示。车削时,先将毛坯粗车成阶梯,再精车出圆弧。此方法在确定了每次背吃刀量后,需要精确计算出粗车刀的终刀距 s,即求出圆弧与直线的交点坐标。虽然此方法中刀具切削运动的距离较短,但数值计算较烦琐,工作量较大。

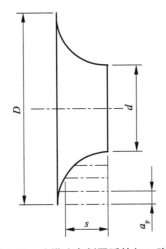

图 4-16　阶梯法车削圆弧的加工路线

（2）同心圆弧法车削

同心圆弧法车削圆弧的加工路线如图 4-17 所示。车削时,先将毛坯用不同的半径圆车削,再将所需圆弧加工出来。此方法中,若确定了每次刀具的吃刀量后,则 90°圆弧的起点、终点坐标较易确定,数值计算简单,编程方便。因此该方法在圆弧加工中经常被采用。

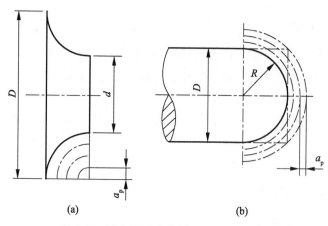

图 4-17　同心圆弧法车削圆弧的加工路线

（3）车锥法车削

车锥法切削圆弧的加工路线如图 4-18 所示。车削时,先将图示毛坯车出一个圆锥,再车出圆弧。应用此方法车削,起点和终点的确定要准确,若未确定好这两点,则可能损坏圆弧表面,或者可能将余量留得过大。确定起点、终点的方法如图 4-18 所示,连接线 OC 交圆弧于点 D,过点 D 作圆弧的切削线 AB。

由几何关系可知:$CD = OC - OD = 0.414R$,此为车锥时的最大切削余量,即车锥时加工路线不能超过线 AB。根据 $AC = BC = 0.586R$,可确定起点和终点。当 R 不太大时,可近似取 $AC = BC = 0.5R$。虽然该方法的切削路线短,但是数值计算较烦琐。

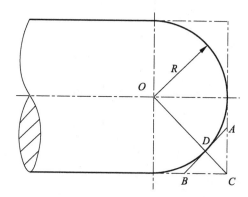

图 4-18　车锥法车削圆弧的加工路线

2. 圆弧插补指令 G02、G03

【格式】$\begin{Bmatrix} G02 \\ G03 \end{Bmatrix} X(U)\_\_ Z(W\_) \begin{Bmatrix} I\_ & K\_ \\ R\_\_ \end{Bmatrix} F\_\_$

【说明】

① G02:顺时针圆弧插补,如图 4-19 所示。

② G03:逆时针圆弧插补,如图 4-19 所示。

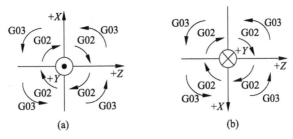

图 4-19　圆弧插补指令 G02、G03 的方向判断

③ X、Z：绝对编程时，圆弧终点在坐标系中的坐标。

④ U、W：增量编程时，圆弧终点在坐标系中的坐标。

⑤ I、K：圆心相对于起点的增加量（等于圆心的坐标减去圆弧起点的坐标，如图 4-20 所示），在绝对编程和增量编程时都是以增量方式指定，在直径和半径编程时 I 是半径值。

⑥ R：圆弧半径。

⑦ F：编程的两个轴的合成进给速度。

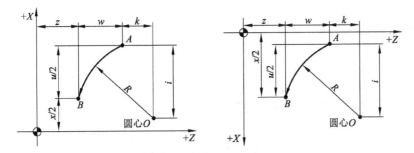

图 4-20　圆弧插补指令 G02、G03 的参数含义

【注意】

① 顺时针或逆时针是从垂直于圆弧所在平面的坐标轴的正方向看到的回转方向。

② 同时编入 R 与 I、K 时，R 有效。

【例 4-4】　用圆弧插补指令编程加工如图 4-21 所示的零件。

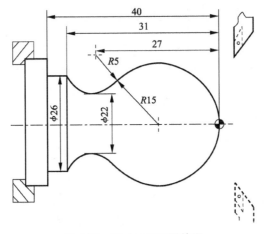

图 4-21　例 4-4 加工零件图

解: 应用圆弧插补指令 G02、G03 编写零件的加工程序,参考程序如下:

```
%0004
N10 G94
N20 T0101
N30 M03 S500
N40 G00 X0 Z2
N50 G01 Z0 F60
N60 G03 U19 W-26.63 R15
N70 G02 X26 Z-35 R5
N80 G01 Z-40
N90 X40
N100 G00 X100 Z100
N110 M05
N120 M30
```

4.2.4 任务实施

1. 准备工作

① 工件:45 钢;毛坯尺寸:见 4.1 节锥度心轴。

② 设备:CJK6140 数控车床、华中数控系统。

③ 加工中所需工具、量具、刀具清单见表 4-5。

表 4-5 工具、量具、刀具清单

序号	名称	规格	数量	备注
1	千分尺	0~25 mm	1	
2	千分尺	25~50 mm	1	
3	游标卡尺	0~150 mm	1	
4	外圆粗车刀	93°	1	T01
5	外圆精车刀	93°	1	T02
6	固定顶尖	60°	1	

2. 加工方案

手柄的加工方案如下:

① 装夹毛坯,车端面,光外圆。

② 工件调头,车端面,控制总长,钻中心孔,粗车右端的 $\phi20$ mm、$\phi30$ mm 外圆,留精车余量 0.5 mm。

③ 工作调头,钻中心孔。

④ 采用一夹一顶方式装夹,粗车另一端 $\phi24$ mm、$\phi18$ mm 外圆及锥度 1:5,留精车余量 0.5 mm。

⑤ 用两顶尖装夹工件,完成所有外圆的精加工。

⑥ 装夹 ϕ20 mm 外圆,粗车右端的凹凸圆弧,留精车余量 0.5 mm。

⑦ 完成右端凹凸圆弧的精加工。

3. 加工工艺卡

手柄加工工艺卡见表 4-6。

表 4-6 手柄加工工艺卡

工步号	工步内容	刀具	转速/ ($r \cdot min^{-1}$)	进给速度/ ($mm \cdot min^{-1}$)	背吃刀量/ mm	操作方式
1	车右端面,控制总长	T03	800	100	0.5	手动
2	粗车右端的凹凸圆弧	T01	800	150	2	自动
3	精车右端的凹凸圆弧	T02	1 000	80	0.5	自动

4. 节点计算

本任务中,手柄由多段圆弧组成,圆弧之间连接点的坐标可通过几何关系计算得出。另外,圆弧之间连接点的坐标还可通过 AutoCAD 软件辅助确定,在 AutoCAD 中打开手柄结构图,再找到对应的连接点,并建立坐标系,即可直接读取其坐标,如图 4-22 所示。

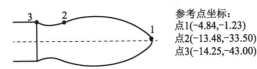

参考点坐标:
点1(-4.84,-1.23)
点2(-13.48,-33.50)
点3(-14.25,-43.00)

图 4-22 CAD 软件辅助确定点的坐标

5. 加工程序

加工手柄的参考程序如下:

```
%0001
N10 G94
N20 T0101
N30 M03 S800
N40 G00 X25 Z2
N50 G01 X21 F100
N60 Z-53
N70 X25
N80 G00 Z2
N90 G01 X18
N100 Z-53
N110 X22
N120 G00 Z2
N130 X14.1 Z2
```

N140 G01 X18 Z−3.27

N150 G00 Z0

N160 G01 X10.46 F100

N170 X18 Z−6.74

N180 G00 Z0

N190 G01 X6.7 F100

N200 G03 X18 Z−11.12 R34

N210 G01 Z−31.54

N220 G03 X16.28 Z−34.06 R34

N230 G02 X18 Z−43 R12

N240 G01 Z−53

N250 G00 X22

N260 Z2

N270 X3.6

N280 G01 Z0 F100

N290 G03 X13.94 Z−33.62 R34

N300 G02 X14.78 Z−43 R12

N310 G01 Z−53

N320 G00 X22

N330 G00 X100 Z100

N340 T0202

N350 M03 S1000

N360 G00 G42 X0 Z2

N370 G01 Z0 F60

N380 G03 X4.84 Z−1.23 R3

N390 G03 X6.74 Z−33.53 R34

N400 G02 X14.22 Z−43 R12

N410 G01 Z−53

N420 G40 G00 X100

N430 G00 Z100

N440 M05

N450 M30

6. 加工操作

加工手柄的操作步骤如下：

① 输入程序%0001；

② 校验输入的程序；

③ 用三爪自定心卡盘夹持 ϕ20 mm 外圆，夹持长度为 20 mm，由于不能破坏手柄表面，因而另一端没有用固定顶尖顶住工件；

④ 装刀具时,刀尖应与工件中心等高,刀具在刀架上的伸出长度应尽量短;

⑤ 在手动方式下车端面及外圆,完成粗车刀和精车刀的对刀;

⑥ 选择程序,在自动或单步模式下,粗精车右端凹凸圆弧;

⑦ 程序结束后,在手动方式下拆卸工件;

⑧ 测量、检验工件。

7. 加工误差分析

手柄的数控车削加工过程中,除了因车刀刀尖圆弧磨损而引起圆弧加工的误差外,还存在由许多因素造成的误差。为了使加工工件符合尺寸精度、表面质量、形状位置公差等要求,需要分析加工结果,及时归纳各种产生加工误差的原因并通过消除方法尽量减少误差。表 4-7 分析了圆弧加工误差产生的原因及消除方法。

表 4-7　圆弧加工误差分析

误差现象	产生原因	预防和消除方法
车削过程中出现干涉现象	① 刀具参数不正确; ② 刀具安装不正确	① 合理选择刀具参数; ② 正确安装刀具
圆弧的凹凸方向不正确	加工程序错误	正确编制加工程序
圆弧的尺寸不符合要求	① 程序错误; ② 刀具磨损; ③ 没有考虑刀具半径补偿	① 检查、修改加工程序; ② 及时更换磨损严重的刀具; ③ 编程时考虑刀具半径补偿

4.2.5　任务评价

车削圆锥手柄的考核评分标准见表 4-8。

表 4-8　车削圆锥手柄的考核评分标准

序号	项目与权重	考核内容及要求	配分 IT	配分 Ra	评分标准
1	工件加工(50%)	$R(34\pm0.03)$ mm,$Ra3.2$ μm	10	3	不合格全扣
2		$R(12\pm0.03)$ mm,$Ra3.2$ μm	10	3	不合格全扣
3		$R(3\pm0.03)$ mm,$Ra3.2$ μm	10	3	不合格全扣
4		(87 ± 0.05) mm	5	1	不合格全扣
5		$\phi18_{-0.030}^{0}$ mm	3		不合格全扣
6		未注公差	2		不合格全扣
7	程序与加工工艺(20%)	程序的正确性	6		错一处扣 2 分
8		加工步骤、路线、切削用量	6		错一处扣 2 分
9		刀具选择及安装	4		不正确全扣
10		装夹方式	4		不正确全扣

序号	项目与权重	考核内容及要求	配分		评分标准
			IT	*Ra*	
11	车床操作(15%)	对刀的正确性	5		不正确全扣
12		坐标系设定的正确性	4		不正确全扣
13		车床操作的正确性	6		错一处扣2分
14	文明生产(15%)	安全操作	5		出错全扣
15		车床维护与保养	5		不合格全扣
16		工作场所整理	5		不合格全扣
总配分			100		

 ## 4.3 异形轴的加工

学 习 目 标

了解复合循环指令粗加工、精加工路线轨迹,掌握 G71、G72、G73 等编程指令的使用方法,能够按零件图的技术要求合理安排加工工艺,完成零件的加工。

4.3.1 任务描述

根据圆弧与锥面的加工特点,分析异形轴零件的加工工艺,编制加工程序,并在华中系统 CJK6140 数控车床上完成如图 4-23 所示异形轴的加工。

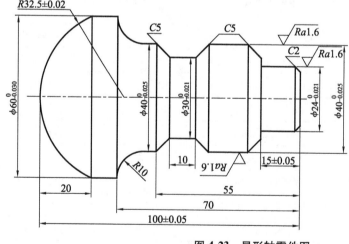

技术要求:
1.毛坯尺寸:φ65 mm×103 mm;
2.材料:45钢;
3.未注倒角:C1。
$\sqrt{Ra3.2}$ (√)

图 4-23 异形轴零件图

4.3.2　任务分析

该异形轴为回转体类零件,表面结构较复杂。零件的径向基准为轴线,轴向基准为右端面。外圆 $\phi 40$ mm、$\phi 30$ mm、$\phi 24$ mm、$\phi 60$ mm 都有较高的加工精度要求,轴向尺寸也有精度要求。

异形轴的加工编程可以用单一的固定循环指令、圆弧加工指令完成,但为了减少程序段,提高编程效率,可引入复合循环指令 G71、G72、G73。

4.3.3　相关知识与技能

1. G71 内(外)径粗车复合循环指令

(1) 无凹槽加工

【格式】　G71 U(Δd) R(r) P(ns) Q(nf) X(Δx) Z(Δz) F(f) S(s) T(t)

【说明】

① 该指令执行的无凹槽精加工路径为 $A \rightarrow A' \rightarrow B' \rightarrow B$,如图 4-24 所示。

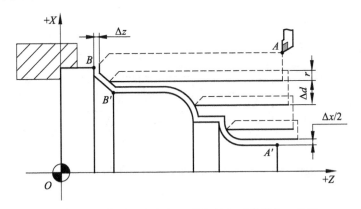

图 4-24　复合循环指令 G71 执行的无凹槽精加工路径

② Δd:切削深度(每次切削量),指定时不加符号,方向由矢量 $\overrightarrow{AA'}$ 决定。

③ r:每次退刀量。

④ ns:精加工路径第一程序段(即图 4-24 中的 AA')的顺序号。

⑤ nf:精加工路径最后程序段(即图 4-24 中的 $B'B$)的顺序号。

⑥ Δx:X 方向精加工余量(直径量)。

⑦ Δz:Z 方向精加工余量。

⑧ f、s、t:粗加工时,G71 指令中编程的 F、S、T 有效;精加工时,处于 ns 到 nf 程序段之间的 F、S、T 有效。

⑨ G71 切削循环下,切削进给方向平行于 Z 轴,$X(\Delta x)$ 和 $Z(\Delta z)$ 的符号如图 4-25 所示。其中,(+)表示沿轴正方向移动,(−)表示沿轴负方向移动。

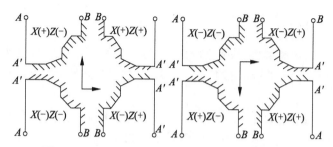

图 4-25　G71 复合循环下 $X(\Delta x)$ 和 $Z(\Delta z)$ 的符号

（2）有凹槽加工

【格式】　G71 U(Δd) R(r) P(ns) Q(nf) E(e) F(f) S(s) T(t)

【说明】

① 该指令执行的有凹槽精加工路径为 $A \to A' \to B' \to B$，如图 4-26 所示。

② e：精加工余量，为 X 方向的等高距离；外径切削时为正，内径切削时为负。

③ 其他参数的含义与无凹槽加工指令的相同。

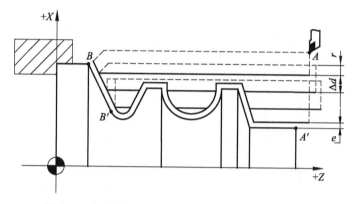

图 4-26　复合循环指令 G71 执行的有凹槽精加工路径

【注意】

① G71 指令必须带有 P、Q 地址，且与精加工路径的起止顺序号对应，否则不能进行该循环的加工。

② ns 的程序段必须为 G00/G01 指令，即从点 A 到点 A' 的动作必须是直线或点定位运动。

③ 在顺序号为 ns 到顺序号为 nf 的程序段中，不应包含子程序。

【例 4-5】　用复合循环指令编制图 4-27 所示零件的加工程序，要求循环起始点为 $A(46,3)$，切削深度为 1.5 mm（半径量），退刀量为 1 mm，X 方向精加工余量为 0.4 mm，Z 方向的精加工余量为 0.1 mm，其中双点画线部分为零件毛坯。

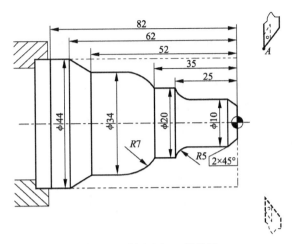

图 4-27 例 4-5 加工零件图

解: 应用复合循环指令 G71 编程,参考程序如下:

%0005

N10 G94

N20 T0101

N30 M03 S500

N40 G00 X46 Z3

N50 G71 U1.5 R1 P5 Q13 X0.4 Z0.1 F120

N60 G00 X0

N70 G01 X10 Z-2 F80

N80 Z-20

N90 G02 U10 W-5 R5

N100 G01 W-10

N110 G03 U14 W-7 R7

N120 G01 Z-52

N130 U10 W-10

N140 W-20

N150 X50

N160 G00 X80 Z80

N170 M05

N180 M30

2. G72 端面粗车复合循环指令

【格式】 G72 W(Δd) R(r) P(ns) Q(nf) X(Δx) Z(Δz) F(f) S(s) T(t)

【说明】

① G72 指令与 G71 指令的区别仅在于其切削方向平行于 X 轴。该指令执行的精加工路径为 $A \rightarrow A' \rightarrow B' \rightarrow B$,如图 4-28 所示。

② Δd:切削深度(每次切削量),指定时不加符号,方向由矢量 $\overrightarrow{AA'}$ 决定。

③ r：每次退刀量。

④ ns：精加工路径第一程序段（即图 4-28 中的 AA′）的顺序号。

⑤ nf：精加工路径最后程序段（即图 4-28 中的 B′B）的顺序号。

⑥ Δx：X 方向精加工余量（符号与 G71 指令相同）。

⑦ Δz：Z 方向精加工余量（符号与 G71 指令相同）。

⑧ f、s、t：粗加工时，G71 指令中编程的 F、S、T 有效；精加工时，处于 ns 到 nf 程序段之间的 F、S、T 有效。

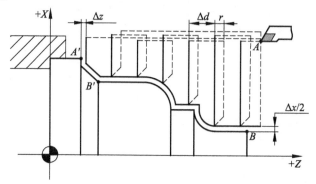

图 4-28　复合循环指令 G72 的加工路径

【注意】

① G72 指令必须带有 P、Q 地址，否则不能进行该循环的加工操作。

② 在 ns 的程序段中应包含 G00/G01 指令，进行由点 A 到点 A′的操作，且该程序段中不应有 X 向移动指令。

③ 在 ns 到 nf 的程序段中，可以有 G02/G03 指令，但不应包含子程序。

【例 4-6】　编制如图 4-29 所示零件的加工程序，要求循环起始点为 A(6,3)，切削深度为 1.2 mm。退刀量为 1 mm，X 和 Z 方向的精加工余量分别为 0.2 mm 和 0.5 mm，其中双点画线部分为工件毛坯。

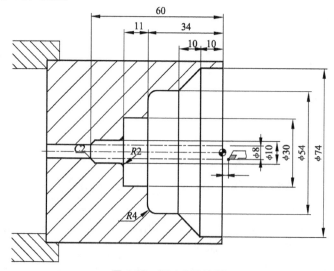

图 4-29　例 4-6 零件图

解：应用端面复合循环指令 G72 编程，参考程序如下：

```
%0006
N10 T0101
N20 M03 S500
N30 G00 X6 Z3
N40 G72 W1.2 R1 P50 Q150 X−0.2 Z0.5 F100
N50 G00 Z−61
N60 G01 U6 W3 F80
N70 W10
N80 G03 U4 W2 R2
N90 G01 X30
N100 Z−34
N110 X46
N120 G02 U8 W4 R4
N130 G01 Z−20
N140 U20 W10
N150 Z3
N160 G00 X100 Z80
N170 M05
N180 M30
```

3. G73 闭环车削复合循环指令

【格式】　G73 U(Δi) W(Δk) R(r) P(ns) Q(nf) X(Δx) Z(Δz) F(f) S(s) T(t)

【说明】

① 在切削工件时，G73 指令的走刀轨迹如图 4-30 所示的封闭回路，刀具逐渐进给，使封闭切削回路逐渐向零件最终形状靠近，最终切削成工件的形状，其精加工路径为 A→A'→B'→B。G73 指令能对铸造、锻造等粗加工中已初步成形的工件进行高效率切削。

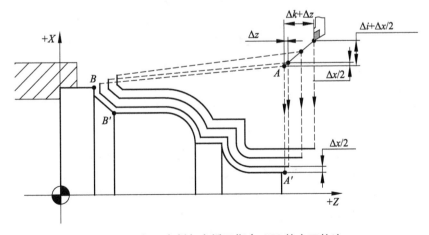

图 4-30　闭环车削复合循环指令 G73 的走刀轨迹

② Δi:X 轴方向的粗加工总余量。

③ Δk:Z 轴方向的粗加工总余量。

④ r:粗切削次数。

⑤ ns:精加工路径第一程序段(即图 4-30 中的 AA')的顺序号。

⑥ nf:精加工路径最后程序段(即图 4-30 中的 $B'B$)的顺序号。

⑦ Δx:X 方向精加工余量。

⑧ Δz:Z 方向精加工余量。

⑨ f、s、t:粗加工时 G71 中编程的 F、S、T 有效,而精加工时处于 ns 到 nf 程序段之间的 F、S、T 有效。

【注意】

① Δi 和 Δk 表示粗加工时总的切削量,粗加工次数为 r,则每次 X、Z 方向的切削量分别为 $\Delta i/r$ 和 $\Delta k/r$;

② 应用 G73 中的 P 和 Q 指令值实现循环加工,要注意 Δx 和 Δz、Δi 和 Δk 的正负号。

【例 4-7】 编制如图 4-31 所示零件的加工程序,设切削起始点为 $A(60,5)$;X、Z 方向的粗加工余量分别为 3 mm、0.9 mm;粗加工次数为 3;X、Z 方向的精加工余量分别为 0.6 mm、0.1 mm,其中双点画线部分为工件毛坯。

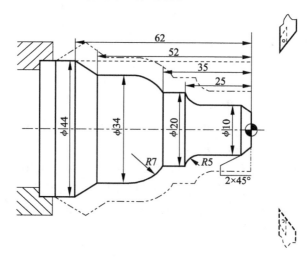

图 4-31 例 4-7 零件图

解:应用闭环车削复合循环指令 G73 编程,参考程序如下:

```
%0007
N10 T0101
N20 M03 S400
N30 G00 X60 Z5
N40 G73 U3 W0.9 R3 P50 Q130 X0.6 Z0.1 F120
N50 G00 X0 Z3
N60 G01 U10 Z-2 F80
N70 Z-20
```

N80 G02 U10 W−5 R5

N90 G01 Z−35

N100 G03 U14 W−7 R7

N110 G01 Z−52

N120 U10 W−10

N130 U10

N140 G00 X80 Z80

N150 M05

N160 M30

4.3.4　任务实施

1. 准备材料

① 工件:45 钢;毛坯尺寸:ϕ65 mm×103 mm。

② 设备:CJK6140 数控车床、华中数控系统。

③ 加工中所需工具、量具、刀具清单见表 4-9。

表 4-9　工具、量具、刀具清单

序号	名称	规格	数量	备注
1	千分尺	0~25 mm	1	
2	千分尺	25~50 mm	1	
3	千分尺	50~75 mm	1	
4	游标卡尺	0~150 mm	1	
5	外圆粗车刀	93°	1	T01
6	外圆精车刀	93°	1	T02
7	端面车刀	45°	1	T03
8	端面粗车刀	90°	1	T04
9	端面精车刀	90°	1	T05
10	中心钻	B3.15/10	1	

2. 加工方案

异形轴的加工方案如下:

① 采用一夹一顶装夹方式,粗车右端外圆至 ϕ60 mm、ϕ24 mm、ϕ30 mm、ϕ40 mm,留精车余量 0.5 mm,精车零件右端至图样尺寸。

② 装夹工件右端外圆,粗车左端圆弧,留精车余量 0.5 mm,精车零件左端至图样尺寸。

3. 加工工艺卡

异形轴数控加工工艺卡见表 4-10。

表 4-10　异形轴数控加工工艺卡

工步号	工步内容		刀具	转速/ (r·min⁻¹)	进给速度/ (mm·min⁻¹)	背吃刀量/ mm	操作方式
1	装夹1：三爪自定心卡盘夹持工件右端，伸出长度为30 mm	光外圆，长度至15 mm	T01	700		1	手动
2	装夹2：三爪自定心卡盘夹持工件左端，伸出长度约为30 mm	车端面	T03	800	100	0.5	手动
3		钻中心孔	B3.15/10	1 100			手动
4	装夹3：一夹一顶方式装夹工件，伸出长度约为85 mm	粗车零件右端外圆	T01	800	150	2	自动
5		精车零件右端外圆	T02	1 000	50	0.25	自动
6	装夹4：工件调头，三爪自定心卡盘夹持工件右端φ40 mm外圆	车端面，控制总长	T03	800			手动
7		粗车零件左端	T01	800	150	2	自动
8		精车零件左端	T02	1 000	50	0.25	自动

4. 加工程序

（1）粗、精车工件右端

加工工件右端的参考程序如下：

```
%0001
N10 G94
N20 T0101
N30 M03 S800
N40 G00 X65 Z2
N50 G71 U2 R0.5 P100 Q230 E0.5 F150
N60 G00 X100 Z100
N70 T0202
N80 M03 S1000
N90 G00 X15.99 Z2
N100 G00 X15.99
N110 G01 X15.99 Z-2 F80
N120 Z-15
N130 X29.99
N140 X39.99 Z-20
```

```
N150 Z-35
N160 X29.99 Z-40
N170 Z-50
N180 X39.99 Z-55
N190 Z-60
N200 G02 X59.99 Z-70 R10
N210 G01 Z-82
N220 X68
N230 G00 X100 Z200
N240 M05
N250 M30
```

（2）粗、精车工件左端

加工工件左端的参考程序如下：

```
%0002
N10 G94
N20 T0404
N30 M03 S800
N40 G00 X68 Z2
N50 G72 U2 R0.5 P100 Q130 Z0.3 F150
N60 G00 X100 Z100
N70 T0505
N80 M03 S1000
N90 G00 X68 Z-20
N100 G00 Z0
N110 G01 X60 F50
N120 G03 X0 Z0 R33
N130 Z-5
N140 G00 X100 Z100
N150 M05
N160 M30
```

5．加工操作

异形轴的加工操作步骤如下：

① 输入加工程序；

② 校验程序；

③ 用三爪卡盘装夹工件，伸出长度为 30 mm，找正并夹紧工件；

④ 把 T01、T02、T03 分别装在相应的刀位上；

⑤ 手动光外圆；

⑥ 工件掉头，车端面；

⑦ 对刀具 T01、T02 进行对刀;

⑧ 钻中心孔;

⑨ 一夹一顶装夹,粗、精车工件右端外圆;

⑩ 工件掉头,手动光外圆,车端面,并控制总长;

⑪ 将 T04、T05 分别装在相应的刀位上,并对刀;

⑫ 粗、精车工件左端外圆;

⑬ 加工结束,拆卸工件;

⑭ 测量、检验工件。

6. 加工误差分析

在进行锥面与圆弧加工时,经常出现的加工误差可以分为两类:一类是车刀刀尖圆弧半径对工件产生的误差;另一类是非车刀刀尖圆弧半径影响产生的误差。下面重点介绍车刀刀尖圆弧半径引起的加工误差。

(1)产生原因

由于车刀刀尖圆弧半径的存在,加工锥度和圆弧时,随着工件的轴向尺寸和径向尺寸的变化,工件尺寸也会发生变化。

(2)误差消除方法

① 编程时调整刀尖轨迹,使得圆弧形刀尖的实际轮廓符合理想轮廓。

② 以刀尖圆弧中心为刀位点编程。

4.3.5 任务评价

车削异形轴的考核评分标准见表 4-11。

表 4-11 车削异形轴的考核评分标准

序号	项目与权重	考核内容及要求	配分		评分标准
			IT	Ra	
1		$\phi 40_{-0.025}^{0}$ mm, $Ra1.6$ μm	8	3	不合格全扣
2		$\phi 30_{-0.021}^{0}$ mm, $Ra3.2$ μm	8	3	不合格全扣
3		$\phi 24_{-0.021}^{0}$ mm, $Ra1.6$ μm	8	3	不合格全扣
4		$R(33\pm 0.02)$ mm, $Ra3.2$ μm	6	2	不合格全扣
5	工件加工(65%)	$R10$ mm, $Ra3.2$ μm	6	2	不合格全扣
6		(100±0.05) mm	3	1	不合格全扣
7		(15±0.05) mm	3	1	不合格全扣
8		倒角 $C2$	2		不合格全扣
9		倒角 $C5$	2		不合格全扣
10		未注公差	4		不合格全扣

续表

序号	项目与权重	考核内容及要求	配分		评分标准
			IT	Ra	
11	程序与加工工艺(15%)	程序的正确性	4		错一处扣2分
12		加工步骤、路线、切削用量	4		错一处扣2分
13		刀具选择及安装	4		不正确全扣
14		装夹方式	3		不正确全扣
15	车床操作(10%)	对刀的正确性	3		不正确全扣
16		坐标系设定的正确性	3		不正确全扣
17		车床操作的正确性	4		错一处扣2分
18	文明生产(10%)	安全操作	3		出错全扣
19		车床维护与保养	3		不合格全扣
20		工作场所整理	4		不合格全扣
总配分			100		

 思考与练习

4-1　简述刀具半径补偿的作用。

4-2　简述设置假设刀尖点位置编码的方法。

4-3　圆弧的顺、逆时针如何判断？

4-4　简述圆锥切削循环指令中 I 的含义。

4-5　G71、G72、G73 指令的应用场合有何不同？

4-6　常见的锥面与圆弧的加工误差有哪些？

4-7　刀尖圆弧半径对圆锥面、圆弧面的加工是否有影响？为什么？

4-8　简述刀补建立、执行和取消的过程。

4-9　加工如图 4-32 所示的零件,材料为铝,毛坯尺寸为 φ50 mm×80 mm,试编写加工程序。

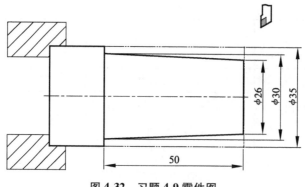

图 4-32　习题 4-9 零件图

4-10　加工如图 4-33 所示的零件,材料为 45 钢,毛坯尺寸为 $\phi 50$ mm×80 mm,试编写加工程序。

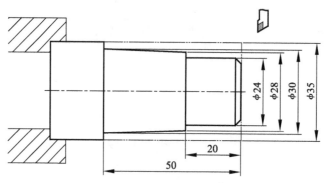

图 4-33　习题 4-10 零件图

4-11　圆弧加工指令 G02、G03 半径编程的格式是什么?

4-12　试写出复合循环指令 G71 的格式,并解释各参数的含义。

4-13　试写出复合循环指令 G72 的格式,并解释各参数的含义。

4-14　试写出复合循环指令 G73 的格式,并解释各参数的含义。

4-15　加工如图 4-34 所示的零件,材料为 45 钢,毛坯尺寸为 $\phi 40$ mm×80 mm,试编写加工程序。

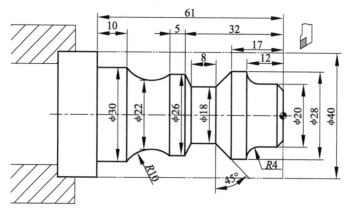

图 4-34　习题 4-15 零件图

第5章 孔加工

在数控车床上加工工件时,经常会遇到各种各样的内孔结构,通过钻、扩、镗等可以加工出不同精度的孔。其加工方法简单,加工精度也比普通车床高,因此孔加工在数控车床加工中较常见。

本章主要介绍孔加工的特点、工艺指定、指令运用、程序编制、加工误差分析等内容。

5.1 轴套的加工

学 习 目 标

了解内孔加工的方法,掌握 G36、G37 等编程指令的使用方法,完成阶梯通孔的加工。

5.1.1 任务描述

根据孔加工的特点,制订加工方案,编制加工程序,并在华中系统 CJK6140 数控车床上完成图 5-1 所示轴套的加工。

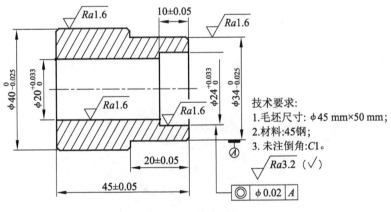

技术要求:
1. 毛坯尺寸:ϕ45 mm×50 mm;
2. 材料:45钢;
3. 未注倒角:C1。

图 5-1 轴套零件图

5.1.2 任务分析

轴套属于回转体类零件,其结构简单。该零件的径向基准为轴线,轴向基准为右端面。其孔径为 $\phi20$ mm、$\phi24$ mm,外圆为 $\phi34$ mm、$\phi40$ mm,尺寸精度为 IT8,$\phi24$ mm 内孔与 $\phi34$ mm 外圆有同轴度要求。

轴套的加工中,需要满足其尺寸精度、位置精度、表面粗糙度等技术要求,其中涉及与孔加工相关的直径值、半径值编程指令 G36、G37 的使用,以及内孔车刀的选择和加工程序的编制等。

5.1.3 相关知识与技能

1. 内孔车刀

根据加工情况,内孔车刀可分为通孔车刀和盲孔车刀两种,如图 5-2a,b 所示。通孔车刀切削部分为了减小径向切削抗力,防止车孔时产生振动,主偏角 K_r 应取得大些,一般在 $60°\sim75°$ 之间,副偏角 K_r' 的取值范围一般为 $15°\sim30°$。为了防止内孔车刀后刀面和孔壁之间出现摩擦,两个后角 α_{01} 和 α_{02}(见图 5-2c)中,α_{01} 取 $6°\sim12°$,α_{02} 取 $30°$ 左右。为了便于排屑,刃倾角取正值,即前排屑。

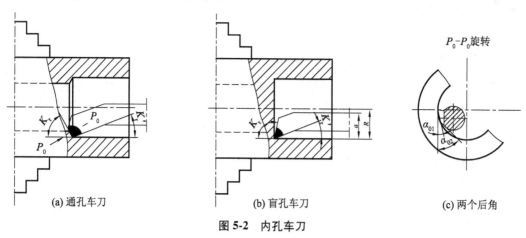

图 5-2　内孔车刀

2. 内孔车刀的类型与安装

(1)机夹式内孔车刀的类型与刀片形状

常用的内孔车刀有机夹式和焊接式,在数控车床上通常选用机夹式内孔车刀。常用刀片形状的型号有 C 型、D 型、T 型等。常用内孔车刀如图 5-3 所示。

图 5-3　常用内孔车刀

（2）机夹式内孔车刀的刀杆类型

内孔车刀的刀杆有圆刀杆和方刀杆两种，如图 5-4 所示。根据加工内孔的大小，刀杆有不同的规格。

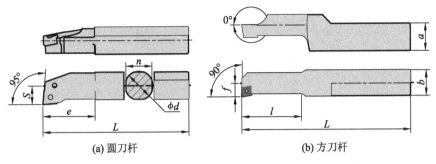

| (a) 圆刀杆 | (b) 方刀杆 |

图 5-4　内孔车刀的刀杆

（3）内孔车刀的安装

内孔车刀安装得正确与否，直接影响孔的精度，因此在安装内孔车刀时一定要注意如下事项：

① 刀尖等高或稍高于工件中心。如果刀尖低于工件中心，就会因切削抗力的作用将刀柄压低而出现扎刀，并造成孔径扩大。

② 刀柄伸出刀架的长度不宜过长，一般比被加工孔长 5~6 mm 即可。

③ 刀柄应基本平行于工件轴线，否则在车削到一定深度时刀柄后半部分容易碰到工件孔口。

④ 盲孔车刀装夹时内偏刀的主刀刃应与孔底平面呈 3°~5°，并且横向有足够的退刀余量。

3. 内孔加工的装夹方法

对于台阶孔轴套类零件往往有同轴度、垂直度等形状位置公差的要求，为保证其精度，工件装夹通常采用以下几种方法：

① 加工数量少、精度要求高的工件，可在一次装夹中尽可能将内外圆表面和端面全部加工完毕，以获得较高的位置精度。

② 工件以内孔定位时，采用心轴装夹方式加工外圆和端面。

③ 工件以外圆定位时，采用软卡爪或弹簧套筒装夹方式加工内孔和端面。这种装夹方法迅速可靠，不易损伤工件表面。

4. G36、G37 编程指令

【格式】　G36

　　　　　G37

【说明】

① G36 指令为直径编程。

② G37 指令为半径编程。

【注意】

① 数控车床的工件外形通常是回转体，其 X 轴尺寸可以通过直径方式和半径方式加

以确定。

② G36 为缺省值,车床出厂时一般设定为直径编程。

【例 5-1】 按同样的轨迹分别用直径、半径编程,加工如图 5-5 所示的零件。

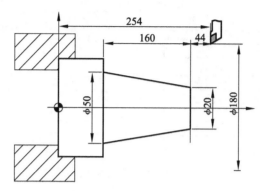

图 5-5 例 5-1 零件图

解:用直径编程的参考加工程序如下:

```
%0011
N1 T0101
N2 G92 X180 Z254
N3 M03 S500
N4 G36 G01 X20 W-44
N5 U30 Z50
N6 G00 X180 Z254
N7 M05
N8 M30
```

用半径编程的参考加工程序如下:

```
%3342
N1 T0101
N2 G92 X90 Z254
N3 M03 S500
N4 G37 G01 X10 W-44
N5 U15 Z50
N6 G00 X90 Z254
N7 M05
N8 M30
```

5.1.4 任务实施

1. 准备工作

① 工件:45 钢;毛坯尺寸:ϕ45 mm×50 mm。

② 设备:CJK6140 数控车床、华中数控系统。

③ 加工中所需工具、量具、刀具清单见表 5-1。

表 5-1 工具、量具、刀具清单

序号	名称	规格	数量	备注
1	千分尺	0~25 mm	1	
2	千分尺	25~50 mm	1	
3	内测千分尺	5~30 mm	1	
4	游标卡尺	0~150 mm	1	
5	内孔粗车刀	93°	1	T01
6	内孔精车刀	93°	1	T02
7	端面车刀	45°	1	T03
8	外圆粗车刀	93°	1	T04
9	外圆精车刀	93°	1	T05
10	中心钻	B3.15/10	1	
11	钻头	18 mm	1	

2. 加工方案

轴套的加工方案如下：

① 用三爪自定心卡盘夹持工件右端外圆,粗精车外圆至 ϕ40 mm;

② 用三爪自定心卡盘夹持工件左端外圆,粗精车外圆至 ϕ34 mm;

③ 用三爪自定心卡盘夹持工件左端外圆,粗精车内孔至 ϕ20 mm、ϕ24 mm。

3. 加工工艺卡

轴套数控加工工艺卡见表 5-2。

表 5-2 轴套数控加工工艺卡

工步号	工步内容		刀具	转速/ $(r \cdot min^{-1})$	进给速度 $(mm \cdot min^{-1})$	背吃刀量/ mm	操作方式
1		车左端面	T03	800	100	0.5	手动
2	装夹 1:三爪自定心卡盘夹持 ϕ44 mm 外圆	钻中心孔	B3.15/10	1 100			手动
3		钻孔	ϕ18	400			手动
4		粗车外圆(ϕ45 mm×25 mm→ϕ40.5 mm×25 mm)	T04	800	150	1.5	自动
5		精车外圆(ϕ40.5 mm×25 mm→ϕ39.98 mm×25 mm)	T05	1 000	80	0.25	自动

工步号	工步内容		刀具	转速/ (r·min⁻¹)	进给速度 (mm·min⁻¹)	背吃刀量/ mm	操作方式
6	装夹2：工件调头，三爪自定心卡盘夹持φ40 mm外圆	车端面，控制总长	T03	800	100	0.5	手动
7		粗车外圆（φ45 mm×20 mm→φ34.5 mm×19.9 mm）	T04	800	150	1.5	自动
8		精车外圆（φ34.5 mm×19.9 mm→φ34 mm×20 mm）	T05	1 000	80	0.25	自动
9		粗车内孔（φ18 mm×45 mm→φ19.7 mm×46 mm）	T01	700	100	1	自动
10		粗车内孔（φ19.7 mm×10 mm→φ23.7 mm×9.9 mm）	T01	700	100	2	自动
11		精车内孔（φ23.7 mm×9.9 mm→φ24.01 mm×10 mm）	T02	900	50	0.15	自动
12		精车内孔（φ19.7 mm×46 mm→φ24.01 mm×46 mm）	T02	900	50	0.15	自动

4. 加工程序

（1）粗、精车工件左端外圆

加工工件左端外圆的参考程序如下：

```
%0001
N10 G94
N20 T0404
N30 M03 S800
N40 G00 X46 Z2
N50 G71 U1.5 R1 P110 Q130 X0.5 Z0.1 F150
N60 G00 X100 Z100
N70 T0505
N80 M03 S1000
N90 G00 X46 Z2
N100 G00 X33.99
N110 G01 X39.99 Z-1 F80
N120 Z-25
N130 X46
N140 G00 X100 Z100
N150 M05
N160 M30
```

（2）粗、精车工件右端外圆

加工工件右端外圆的参考程序如下：

%0002

N10 G94

N20 T0404

N30 M03 S800

N40 G00 X46 Z2

N50 G71 U1.5 R1 P100 Q130 X0.5 Z0.1 F150

N60 G00 X100 Z100

N70 T0505

N80 M03 S1000

N90 G00 X46 Z2

N100 X27.99

N110 G01 X33.99 Z-1 F80

N120 Z-20

N130 X38

N140 X42 Z-22

N150 G00 X100 Z100

N160 M05

N170 M30

（3）粗、精车内孔

加工工件内孔的参考程序如下：

%0003

N10 G94

N20 T0101

N30 M03 S700

N40 G00 X17 Z2

N50 G71 U1 R0.5 P100 Q160 X-0.3 Z0.1 F150

N60 G00 X100 Z100

N70 T0202

N80 M03 S900

N90 G00 X17 Z2

N100 G00 X29.01

N110 G01 X24.01 F50

N120 Z-10

N130 X21.01

N140 X20.01 Z-10.5

N150 Z-47

N160 X17

N170 G00 X100 Z100

N180 M05

N190 M30

5. 加工操作

轴套的加工操作步骤如下：

① 输入程序并校验；

② 安装 T03、T04、T05 刀具,检查其安装位置是否正确；

③ 装夹工件,车削工艺台阶；

④ 工件掉头,夹紧工件；

⑤ 车端面,钻中心孔；

⑥ 用麻花钻钻孔；

⑦ 对 T04、T05 刀具对刀；

⑧ 选择程序粗精车工件外圆；

⑨ 拆卸工件,装夹工件 $\phi40$ mm 外圆；

⑩ 车端面,控制总长；

⑪ 再次对 T04、T05 刀具对刀；

⑫ 选择程序粗精加工外圆；

⑬ 安装 T01、T02 刀具,检查其安装位置是否正确；

⑭ 选择程序粗精加工内孔；

⑮ 拆卸工件；

⑯ 测量、检验工件。

6. 加工误差分析

内孔加工的误差分析见表 5-3。

表 5-3　内孔加工误差分析

误差现象	产生原因	预防方法
尺寸不正确	测量不正确	仔细测量,并进行试切
	车刀安装方式不对,刀柄与孔壁相碰	选择合适的刀杆直径,并在车床启动前将车刀在孔内走一遍,检查车刀与孔是否会相碰
	产生积屑瘤,增加了刀尖长度,使孔车大	研磨前面,使用切削液,增大前角,选择合理的切削速度
	工件热胀冷缩	工件冷却后再精车或加切削液

5.1.5　任务评价

车削轴套的考核评分标准见表 5-4。

表 5-4　车削轴套的考核评分标准

序号	项目与权重	考核内容及要求	配分		评分标准
			IT	Ra	
1	工件加工(62%)	$\phi 40_{-0.025}^{0}$ mm, $Ra1.6$ μm	8	3	不合格全扣
2		$\phi 34_{-0.025}^{0}$ mm, $Ra1.6$ μm	8	3	不合格全扣
3		$\phi 24_{0}^{+0.033}$ mm, $Ra1.6$ μm	10	4	不合格全扣
4		$\phi 20_{0}^{+0.033}$ mm, $Ra1.6$ μm	10	4	不合格全扣
5		(10 ± 0.05) mm, $Ra3.2$ μm	3	1	不合格全扣
6		(20 ± 0.05) mm, $Ra3.2$ μm	3	1	不合格全扣
7		(45 ± 0.05) mm, $Ra3.2$ μm	3	1	不合格全扣
8	程序与加工工艺(18%)	程序的正确性	5		错一处扣2分
9		加工步骤、路线、切削用量	5		错一处扣2分
10		刀具选择及安装	4		不正确全扣
11		装夹方式	4		不正确全扣
12	车床操作(10%)	对刀的正确性	3		不正确全扣
13		坐标系设定的正确性	3		不正确全扣
14		车床操作的正确性	4		错一处扣2分
15	文明生产(10%)	安全操作	4		出错全扣
16		车床维护与保养	3		不合格全扣
17		工作场所整理	3		不合格全扣
总配分			100		

 ## 5.2　锥形盲孔的加工

学 习 目 标

　　了解盲孔车刀角度和车削关键技术,能够按图样完成锥形盲孔加工程序的编制,并在数控车床上完成锥形盲孔的加工。

5.2.1　任务描述

　　根据锥形盲孔的特点,分析加工工艺,编制加工程序,并在华中系统 CJK6140 数控车床上完成图 5-6 所示锥形盲孔的加工。

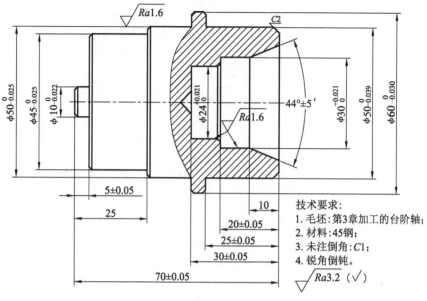

图 5-6　锥形盲孔

5.2.2　任务分析

锥形盲孔轴为回转体类零件,其结构不复杂。该零件的径向基准为轴线,轴向基准为右端面。

为了能够按图样完成锥形盲孔的加工,需掌握盲孔类工件的车削方法等。车刀车削盲孔到合适位置时须自动返回,避免撞击内孔,因此需要使用参考点往返指令 G28、G29。

5.2.3　相关知识与技能

1. 盲孔车刀

盲孔车刀用来车削盲孔或台阶孔,车削部分的形状基本与偏刀相似。它的主偏角大于90°,一般为92°～95°。后角的要求与通孔车刀一样,不同之处是盲孔车刀刀尖到刀杆外端的距离小于孔半径,否则无法车削平孔的底面,如图5-7所示。

2. 盲孔类零件的车削方法

（1）车刀的安装

盲孔车刀安装时,内偏刀的主刀刃应与孔底平面呈一定的角度,并且在车平面时要求横向有足够的退刀余地。

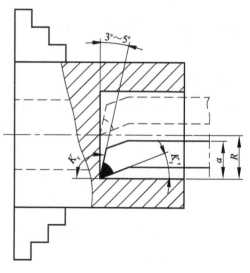

图 5-7　盲孔车刀

（2）内孔车削的难点

1）内孔车刀的刚度问题

① 尽量增大刀柄的截面积，通常车刀的刀尖位于刀杆上面（见图 5-8a），刀杆的截面积较小，还不到孔截面积的 1/4。如果内孔车刀的刀尖位于刀杆的中心线上（见图5-8b），就可大大增加刀杆在孔中的截面积。

② 尽可能缩短刀杆的伸出长度，以提高车刀刀杆的刚度，减少切削过程中的振动，如图 5-8c 所示。

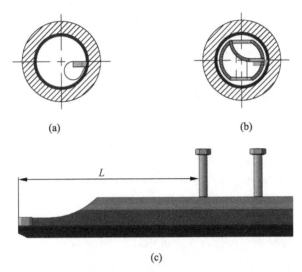

(a)　　　　　　　　　　　　(b)

(c)

图 5-8　内孔车刀的刚度

2）排屑问题

排屑问题的关键在于控制切屑的流出方向。精车孔时要求切屑流向待加工表面，即前排屑，因此采用正刃倾角的内孔车刀；加工盲孔时，应采用负的刃倾角，使切屑从孔口排出（后排屑），如图 5-9 所示。

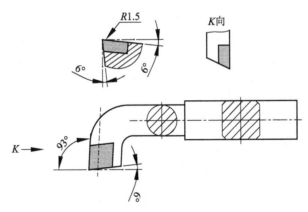

图 5-9　后排屑内孔车刀

3. G28、G29 编程指令

（1）自动返回参考点指令 G28

【格式】 G28 X(U)__ Z(W)__

【说明】

① X、Z：绝对编程时，中间点在工件坐标系中的坐标。

② U、W：增量编程时，中间点相对于起点的位移量。

③ G28 指令先使所有的编程轴都快速定位到中间点，再从中间点返回参考点。

④ G28 指令一般用于刀具自动更换或者消除机械误差，在执行该指令之前应取消刀尖半径补偿。

⑤ G28 指令的程序段中不仅产生坐标轴移动指令，而且记忆了中间点的坐标值，以供 G29 使用。

⑥ 电源接通后，在没有手动返回参考点的状态下，指定 G28 时，从中间点自动返回参考点，与手动返回参考点相同。这时从中间点到参考点的方向就是机床参数"回参考点方向"设定的方向。

⑦ G28 指令仅在其被规定的程序段中有效。

（2）自动从参考点返回指令 G29

【格式】 G29 X(U)__ Z(W)__

【说明】

① X、Z：绝对编程时为定位终点在工件坐标系中的坐标。

② U、W：增量编程时为定位终点相对于 G28 指令定义的中间点的位移量。

③ G29 可使所有编程轴以快速进给方式经过由 G28 指令定义的中间点，然后到达指定点。通常该指令紧跟在 G28 指令之后。

④ G29 指令仅在其被规定的程序段中有效。

【例 5-2】 使用 G28、G29 指令对图 5-10 所示的加工路径编程，要求由点 A 经过中间点 B 并返回参考点，然后从参考点经由中间点 B 返回到点 C。

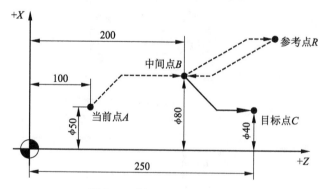

图 5-10 例 5-2 图样加工路径

解：采用 G28、G29 指令编程，参考程序如下：

%0002

N1 G92 X50 Z100

N2 G28 X80 Z200

N3 G29 X40 Z250

N4 G00 X50 Z100

N5 M30

需要注意的是,编程时不必计算从中间点到参考点的实际距离。

5.2.4 任务实施

1. 准备工作

① 工件:45 钢;毛坯为 3.2 节中加工出的台阶轴。

② 设备:CJK6140 车床、华中数控系统。

③ 加工中所需工具、量具、刀具清单见表 5-5。

表 5-5 工具、量具、刀具清单

序号	名称	规格	数量	备注
1	千分尺	0~25 mm	1	
2	千分尺	25~50 mm	1	
3	千分尺	50~75 mm	1	
4	游标卡尺	0~150 mm	1	
5	内径百分表	18~35 mm	1	
6	内孔粗车刀	93°		T01
7	内孔精车刀	93°		T02
8	端面车刀	45°	1	T03
9	外圆粗车刀	93°	1	T04
10	外圆精车刀	93°	1	T05
11	中心钻	B3.15/10	1	
12	钻头	18 mm	1	
13	万能角度尺	0°~360°	1	

2. 加工方案

锥形盲孔的加工方案如下:

① 用三爪卡自定心盘夹持 3.2 节中的台阶轴左端 ϕ45 mm 外圆,并靠牢台阶面,粗精车 ϕ24 mm、ϕ30 mm 内孔及锥度。

② 用三爪卡自定心盘夹持 3.2 节中的台阶轴左端 ϕ45 mm 外圆,并靠牢台阶面,粗精车 ϕ50 mm 外圆。

3. 加工工艺卡

锥形盲孔数控加工工艺卡见表 5-6。

表 5-6　锥形盲孔数控加工工艺卡

工步号	工步内容	刀具	转速/(r·min⁻¹)	进给速度/(mm·min⁻¹)	背吃刀量/mm	操作方式
1	车右端面	T03	800	100	0.5	手动
2	钻中心孔	B3.15/10	1 100			手动
3	钻孔	φ18	400			手动
4	粗车内孔(φ18 mm×30 mm→φ23.7 mm×29.9 mm)	T01	700	150	1	自动
5	粗车内锥度	T01	700	150	1	自动
6	粗车内孔(φ23.7 mm×20 mm→φ29.7 mm×19.9 mm)	T01	700	150	1	自动
7	精车内孔(φ29.7 mm×29.9 mm→φ30.01 mm×30 mm)	T02	900	50	0.15	手动
8	精车内锥度	T02	900	50	0.15	自动
9	精车内孔(φ23.7 mm×19.9 mm→φ24.01 mm×20 mm)	T02	900	50	0.15	自动
10	粗车外圆(φ60 mm×25 mm→φ50.5 mm×24.9 mm)	T04	800	200	1.5	自动
11	精车外圆(φ50.5 mm×24.9 mm→φ50 mm×25 mm)	T05	1 000	60	0.25	自动

4. 加工程序

（1）粗、精车内孔

工件内孔的参考加工程序如下：

```
%0001
N10 G94
N20 T0101
N30 M03 S700
N40 G00 X18 Z2
N50 G71 U1 R0.5 P100 Q170 X-0.3 F150
N60 G00 X100 Z100
N70 T0202
N80 M03 S900
N90 G00 X18 Z2
N100 G00 X38.08
N110 G01 Z0 F50
N120 X30.01 Z-10
N130 Z-20
N140 X26.01
```

　　　　N150 X24.01 Z−21

　　　　N160 Z−20

　　　　N170 X18

　　　　N180 G00 X100 Z100

　　　　N190 M05

　　　　N200 M30

（2）粗、精车外圆

工件外圆的参考加工程序如下：

　　　　%0002

　　　　N10 G94

　　　　N20 T0404

　　　　N30 M03 S800

　　　　N40 G00 X61 Z2

　　　　N50 G71 U1.5 R1 P100 Q140 X0.5 F200

　　　　N60 G00 X100 Z100

　　　　N70 T0505

　　　　N80 M03 S1000

　　　　N90 G00 X60 Z2

　　　　N100 G00 X41.98

　　　　N110 G01 X49.98 Z−2 F60

　　　　N60 G00 X100 Z100

　　　　N70 T0505

　　　　N80 M03 S1000

　　　　N90 G00 X60 Z2

　　　　N100 G00 X41.98

　　　　N110 G01 X49.98 Z−2 F60

5. 加工操作

锥形盲孔的加工操作步骤如下：

① 输入程序并校验；

② 装夹工件，找正并夹紧；

③ 安装刀具 T01、T02、T03，注意位置安装要正确；

④ 车端面，钻中心孔；

⑤ 用麻花钻钻底孔；

⑥ 对 T01、T02 刀具对刀；

⑦ 选择程序粗精加工工件内孔；

⑧ 加工结束后检测；

⑨ 安装刀具 T04 和 T05，注意位置安装要正确；

⑩ 对 T04、T05 刀具对刀；

⑪ 选择程序粗精加工工件外圆；

⑫ 拆卸工件，并测量检验。

6. 加工误差分析

内孔加工过程中，由于刀具是在工件内孔内部切削加工的，无法看到切削的过程，再加上刀杆刚度和排屑问题，因而很容易出现加工误差。内孔加工误差分析见表5-7。

表5-7　内孔加工误差分析

误差现象	产生原因	预防和消除方法
内孔有锥度	① 刀具磨损； ② 刀杆刚性差； ③ 刀杆与孔壁相碰； ④ 车头轴线歪斜； ⑤ 床身不水平； ⑥ 床身导轨磨损	① 采用耐磨的硬质合金； ② 采用大尺寸刀杆减小切削用量； ③ 正确安装车刀； ④ 检测车床导轨的平行度； ⑤ 找正车床水平； ⑥ 大修车床
内孔不光洁	① 车刀磨损； ② 车刀刃磨不良，表面粗糙度值大； ③ 车刀几何角度不合理，装刀低于中心； ④ 切削用量选择不当； ⑤ 刀杆细长，产生振动	① 重新刃磨车刀； ② 保证刀刃锋利，研磨车刀； ③ 合理选择刀具角度，精车装刀的高度可略高于工件中心； ④ 降低切削速度，减小进给量； ⑤ 加粗刀杆，降低切削速度

5.2.5　任务评价

车削锥形盲孔的考核评分标准见表5-8。

表5-8　车削锥形盲孔的考核评分标准

序号	项目与权重	考核内容及要求	配分		评分标准
			IT	Ra	
1	工件加工（62%）	$\phi50_{-0.039}^{0}$ mm，$Ra1.6$ μm	8	3	不合格全扣
2		$\phi24_{0}^{+0.021}$ mm，$Ra1.6$ μm	10	4	不合格全扣
3		$\phi30_{0}^{+0.021}$ mm，$Ra1.6$ μm	10	4	不合格全扣
4		(20 ± 0.05) mm，$Ra1.6$ μm	3	1	不合格全扣
5		(25 ± 0.05) mm，$Ra3.2$ μm	3	1	不合格全扣
6		(30 ± 0.05) mm，$Ra3.2$ μm	3	1	不合格全扣
7		$44°\pm5'$，$Ra3.2$ μm	8	3	

续表

序号	项目与权重	考核内容及要求	配分		评分标准
			IT	Ra	
8	程序与加工工艺（18%）	程序的正确性	5		错一处扣2分
9		加工步骤、路线、切削用量	5		错一处扣2分
10		刀具选择及安装	4		不正确全扣
11		装夹方式	4		不正确全扣
12	车床操作（10%）	对刀的正确性	3		不正确全扣
13		坐标系设定的正确性	3		不正确全扣
14		车床操作的正确性	4		错一处扣2分
15	文明生产（10%）	安全操作	4		出错全扣
16		车床维护与保养	3		不合格全扣
17		工作场所整理	3		不合格全扣
总配分			100		

 思考与练习

5-1 轴套类零件的精度要求主要有哪些？

5-2 内孔车刀安装的注意事项主要有哪些？

5-3 加工内孔时，常用的减小切削力的方法有哪些？

5-4 加工薄壁零件时，应如何防止变形？

5-5 盘类零件加工的常用走刀路线有哪些？

5-6 如何防止加工中产生颤纹、振动现象？

5-7 通孔车刀与盲孔车刀有何不同之处？

5-8 加工内孔时，内孔产生锥度的原因是什么？

5-9 加工图5-11所示的零件，试编写加工程序。

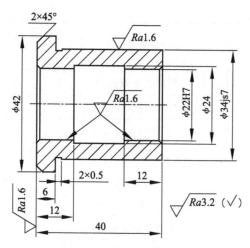

图 5-11　习题 5-9 零件图

5-10　加工图 5-12 所示的零件,试编写加工程序。

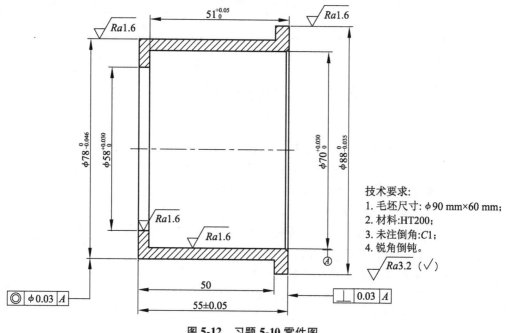

技术要求:
1. 毛坯尺寸: ϕ90 mm×60 mm;
2. 材料:HT200;
3. 未注倒角:C1;
4. 锐角倒钝。

图 5-12　习题 5-10 零件图

第6章 槽和螺纹加工

在数控车削加工中,槽和螺纹是经常会碰到的一类零件结构,此类零件的加工是数控车削中必须掌握的基本技能。本章以多槽和普通三角螺纹为例,介绍槽和螺纹的加工工艺、加工特点、编程指令、加工操作和误差分析等内容。

6.1 多槽轴的加工

学 习 目 标

了解槽的加工方法,掌握 M98、M99、G04 等编程指令的使用方法,能完成单槽或多槽零件的编程加工。

6.1.1 任务描述

根据槽类零件的特点,制订加工方案,分析加工工艺,编制加工程序,并在华中系统 CJK6140 数控车床上完成如图 6-1 所示多槽轴的加工。

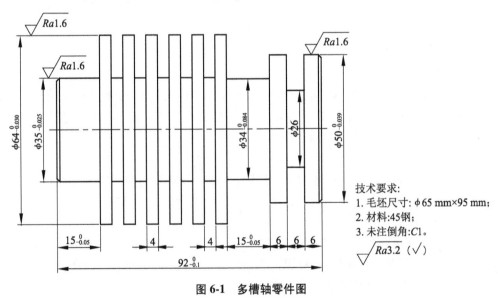

图 6-1 多槽轴零件图

6.1.2　任务分析

本任务的加工工件为结构简单的多槽轴,由外圆和槽构成,需要加工 3 个尺寸分别为 $\phi35$ mm、$\phi64$ mm、$\phi50$ mm 的外圆,2 个尺寸分别为 6 mm×$\phi26$ mm、15 mm×$\phi34$ mm 的单槽,以及 5 个宽度为 4 mm 的多槽,工件总长度为 92 mm。单槽的加工可采用简单的 G01 指令编程,多槽的加工可采用子程序方式编程,即可实现简化编程的目的。

为了完成槽的加工,需要了解车槽的装夹方法、车槽刀及切削用量的选择。

6.1.3　相关知识与技能

1. 切槽加工

切槽加工是数控加工的重要内容之一,它包括外沟槽、内沟槽、端面槽等,如图 6-2 所示。轴类零件的外螺纹一般都带有退刀槽、砂轮越程槽等;套类零件的内螺纹也常常带有内沟槽。切断与车外直沟槽类似,不同的是要将槽一直切到工件中心,故对切槽刀的要求更高。车槽及切断加工中,若切削参数选择不当或刀具、工件装夹不规范,则会造成刀体折断,因此在加工中要避免出现这类问题。

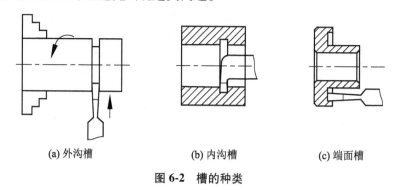

(a) 外沟槽　　　　　　　(b) 内沟槽　　　　　　　(c) 端面槽

图 6-2　槽的种类

(1) 切槽加工的特点

1) 切削变形大

切槽时,由于切槽刀的主切削刃和左、右副切削刃同时参与切削,切屑排出时,受到槽两侧的摩擦、挤压作用,随着切削的深入,切槽处直径逐渐减小,相应的切削速度逐渐减小,挤压现象更为严重,以致切削变形大。

2) 切削力大

切槽过程中,刀具与工件产生摩擦,另外由于被切金属的塑性变形大,因而在切削用量相同的条件下,切槽时的切削力一般比车外圆的切削力大 2%~5%。

3) 切削热较集中

切槽时,被切金属的塑性变形较大,摩擦剧烈,故产生的切削热也较多。另外,切槽刀处于半封闭状态下工作,同时刀具切削部分的散热面积小,切削温度较高,使切削热集中在刀具的切削刃上,因此会加剧刀具的磨损。

4) 刀具刚性差

通常切槽刀主切削刃的宽度较窄(一般为 2~6 mm),刀头狭长,刀具的刚性差,切槽过程中容易产生振动。

5）排屑困难

切槽时,切屑是在狭窄的切槽内排出的,受到槽壁摩擦阻力的影响,切屑排出比较困难,并且断碎的切屑还可能卡塞在槽内,引起振动导致刀具损坏。因此,切槽时要使切屑按一定的方向卷曲,使其顺利排出。

（2）保证位置精度的方法

在一次安装中加工有相互位置精度要求的外圆表面与端面。

（3）加工顺序的确定方法

切槽的加工顺序遵循"基面先行,先近后远,先粗后精"的原则,即先车基准外圆,再车端面,最后粗精车各外圆表面。

（4）切槽刀的安装

① 切槽刀一定要垂直于工件的轴线,刀体不能倾斜,以免副后刀面与工件摩擦,影响加工质量。

② 刀体伸出长度不宜过长,同时主切削刃要与工件回转中心等高。

③ 切槽刀的主切削刃要平直,各角度要适当;刀具安装时刀刃与工件中心要等高,主切削刃与轴心线平行;若刀体底平面不平,则会引起副后角的变化。

（5）刀具的选择

切槽刀刃的几何参数如图 6-3 所示,前角 γ_0 的取值范围为 $50° \sim 200°$;主后角 α_0 的取值范围为 $60° \sim 80°$,两个副后角 α_0' 的取值范围为 $10° \sim 30°$,主偏角 $K_r = 90°$,两个副偏角 K_r' 的取值范围为 $1° \sim 1.5°$。

切槽到刀头部分的长度应等于槽深 $+（2 \sim 3）$ mm,刀宽根据加工工件槽宽的要求选择。

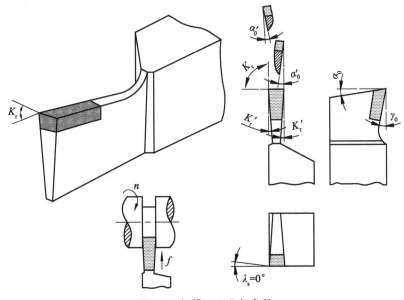

图 6-3　切槽刀刃几何参数

（6）切削用量的选择

① 背吃刀量 a_p：横向切削时，切槽刀的背吃刀量等于刀的主切削刃宽度，所以只需要确定切削速度和进给量。

② 进给量 f：由于刀具的刚性、强度较低，散热条件较差，因而应适当地减小进给量。进给量太大时，容易使刀折断；进给量太小时，刀与工件之间会产生强烈摩擦，从而引起振动。f 的具体取值根据工件和刀具材料确定。用高速钢切刀加工钢料时，$0.05 \leqslant f \leqslant 0.1$ mm/r；加工铸铁时，$0.1 \leqslant f \leqslant 0.2$ mm/r。用硬质合金刀加工钢料时，$0.1 \leqslant f \leqslant 0.2$ mm/r；加工铸铁料时，$0.15 \leqslant f \leqslant 0.25$ mm/r。

③ 切削速度 v：切槽时的实际切削速度随刀具的切入越来越低，因此切槽时的切削速度可选得高些。用高速钢切削钢料时，$30 \leqslant v \leqslant 40$ m/min；切削铸铁时，$15 \leqslant v \leqslant 25$ m/min。用硬质合金切削钢料时，$80 \leqslant v \leqslant 120$ m/min；切削铸铁时，$60 \leqslant v \leqslant 100$ m/min。

（7）走刀路线

在数控加工中，刀具刀位点在整个加工工序中相对于工件的运动轨迹称为走刀路线。走刀路线不但包括了工序的内容，而且也反映出工序的顺序，应合理安排切槽的走刀路线（见图6-4），避免刀具与工件碰撞造成车刀或工件的损坏。

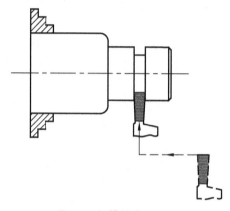

图 6-4　切槽的走刀路线

（8）进刀方式

1）槽宽等于刀宽

最简单的凹槽就是其深度和形状与刀具切削刃完全一样，这种凹槽的编程很简单：先快速移动刀具至起始位置并进给运动至槽深，然后快速退刀至起始位置，这样凹槽就完成了加工。加工时，既不需要倒角和控制表面质量，也不必采用特殊的技术，唯一需要注意的就是让刀片在凹槽底部进行短暂的停留。

2）槽宽大于刀宽

采用简单的进退刀方法加工出来的凹槽侧面比较粗糙。较好的凹槽加工方法是采用一次粗加工、两次精加工（槽两侧面各一次），同时槽底直径留出 0.15 mm 的余量，即第一次进给车槽时，槽壁及底面留精加工余量，以便第二次进给时进行修整。

车槽宽大于刀宽的凹槽时，可以采用多次直进法切削，并在槽壁及底面留精加工余量，最后精车至尺寸，如图6-5所示。

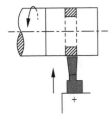

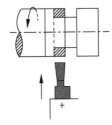

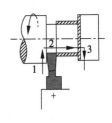

(a) 第一次横向送进　　　(b) 第二次横向送进　　　(c) 最后一次横向送进后再以纵向送进精车槽底

图 6-5　槽宽大于刀宽的凹槽多次走刀线路

2. 暂停指令、子程序指令

（1）暂停指令 G04

【格式】　G04 P ＿＿

【说明】

① P 用于指定暂停时间，单位为秒。

② G04 指令要在前一程序段的进给速度降到零之后才开始暂停操作。

③ 在执行含 G04 指令的程序段时，先执行暂停操作。

④ G04 为非模态指令，仅在其被规定的程序段中有效。

⑤ G04 可使刀具做短暂停留，以获得圆整而光滑的表面。该指令除用于切槽、钻镗孔外，还可用于拐角轨迹的控制。

（2）子程序指令 M98、M99

① M98 用来调用子程序。

② M99 表示子程序结束，执行 M99 指令可使控制返回到主程序。

③ 子程序的格式如下：

　　％ ＊＊＊＊

　　……

　　M99

在子程序开头，必须规定子程序号，以作为调用入口地址；在子程序的结尾用 M99，以控制执行完该子程序后返回主程序。

④ 调用子程序的格式。

【格式】　M98 P ＿＿ L ＿＿

【说明】

P 后面的参数为被调用的子程序号；L 后面的参数为子程序重复调用的次数。

【注意】

M98 指令可以带参数调用子程序。

【例 6-1】　利用子程序指令编制图 6-6 所示手柄的加工程序（该例为半径编程）。

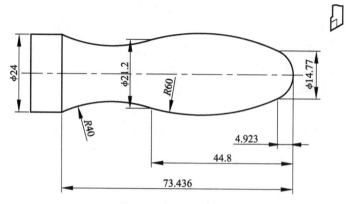

图 6-6 例 6-1 零件图

解:应用子程序指令 M98、M99 编程,参考程序如下:

%0001

N1 G92 X16 Z1

N2 G37 G00 Z0 M03

N3 M98 P0003 L6

N4 G00 X16 Z1

N5 G36

N6 M05

N7 M30

%0003

N1 G01 U−12 F100

N2 G03 U7.385 W−4.923 R8

N3 U3.215 W−39.877 R60

N4 G02 U1.4 W−28.636 R40

N5 G00 U4

N6 W73.436

N7 G01 U−4.8 F100

N8 M99

6.1.4 任务实施

1. 准备工作

① 工件:45 钢;毛坯尺寸:φ65 mm×95 mm。

② 设备:CJK6140 数控车床、华中数控系统。

③ 加工中所需工具、量具、刀具清单见表 6-1。

表 6-1　工具、量具、刀具清单

序号	名称	规格	数量	备注
1	千分尺	0～25 mm	1	
2	千分尺	25～50 mm	1	
3	公法线千分尺	0～25 mm	1	
4	游标卡尺	0～150 mm	1	
9	外圆车刀	90°	1	T01
10	外切槽刀	刀宽 4 mm	1	T02
11	中心钻	B3.15/10	1	

2. 加工方案

多槽轴的加工方案如下：

① 装夹工件毛坯的一端，车端面光外圆；

② 工件调头，车端面并保证工件的总长度，粗精车左端外圆尺寸至图样尺寸；

③ 工件调头，钻中心孔，采用一夹一顶方式装夹，粗精车右端外圆；

④ 车多槽至图样尺寸；

⑤ 车单槽至图样尺寸。

3. 加工工艺卡

多槽轴数控加工工艺卡见表 6-2。

表 6-2　多槽轴数控加工工艺卡

工步号	工步内容		刀具	转速/(r·min⁻¹)	进给速度/(mm·min⁻¹)	背吃刀量/mm	操作方式
1	装夹 1：三爪自定心卡盘夹持毛坯，伸出长度为 65 mm	光外圆	T01	700	100	0.3	手动
2	装夹 2：工件调头，三爪自定心卡盘夹持毛坯，伸出长度为 65 mm	车端面	T01	700	100	0.5	手动
3		粗车左端外圆至 φ64.5 mm×60 mm、φ35.5 mm×15 mm	T01	700	150	1.5	自动
4		精车左端外圆至图样尺寸	T01	1 000	80	0.5	自动
5	装夹 3：工件调头，三爪自定心卡盘夹持 φ64 mm 外圆，伸出长度为 55 mm	车端面，控制工件的总长度	T01	700			手动
6		钻中心孔	B3.15/10	1 100			手动

工步号	工步内容		刀具	转速/ (r·min⁻¹)	进给速度/ (mm·min⁻¹)	背吃刀量/ mm	操作方式
7	装夹4：一夹一顶方式夹持φ35 mm外圆，顶B3.15/10中心孔	粗车右端外圆至φ50.5 mm×33 mm	T01	800	150	1.5	自动
8		精车右端外圆至图样尺寸	T01	1 000	80	0.5	自动
9		车多槽至图样尺寸	T02	500	60		自动
10		车槽6 mm×φ26 mm、15 mm×φ34 mm	T02	500	60		自动

4. 加工程序

（1）粗、精车工件左端外圆

粗、精车工件左端外圆的参考加工程序如下：

```
%0001
N10 G94
N20 T0101
N30 M03 S700
N40 G00 X65 Z2
N50 G71 U1.5 R1 P110 Q160 X0.5 Z0.1 F150
N60 G00 X100 Z100
N70 M05
N80 M00
N90 M03 S1000
N100 G00 X65 Z2
N110 G00 X28.99
N120 G01 X34.99 Z-1 F80
N130 Z-14.98
N140 X63.99
N150 Z-60
N160 X66
N170 G00 X100 Z100
N180 M05
N190 M30
```

（2）粗、精车工件右端外圆

粗、精车工件右端外圆的参考加工程序如下：

```
%0002
N10 G94
N20 T0101
```

```
N30 M03 S700
N40 G00 X65 Z2
N50 G71 U1.5 R1 P110 Q130 X0.5 Z0.1 F150
N70 M05
N80 M00
N90 M03 S1000
N100 G00 X43.99 Z2
N110 G01 X49.99 Z−1 F80
N120 Z−33
N130 X66
N140 G00 X100 Z100
N150 M05
N160 M30
```

（3）车多槽

工件多槽的参考加工程序如下：

```
%0003
N10 G94
N20 T0202
N30 M03 S500
N40 G00 X66 Z−33
N50 M98 P0514 L5
N60 G00 X100 Z100
N70 M05
N80 M30
%00033
N10 G00 W−8
N20 G01 X35 F60
N30 G04 P1
N40 G01 X66 F80
N50 M99
```

（4）车外圆沟槽

工件外圆沟槽的参考加工程序如下：

```
%0004
N10 G94
N20 T0202
N30 M03 S500
N40 G00 X52 Z−10
N50 G01 X26.1 F60
```

N60 X52 F80

N70 Z-12

N80 X26 F50

N90 Z-10

N100 X52 F100

N110 G00 Z-22

N120 G01 X34.1 F60

N130 X52 F100

N140 Z-25.5

N150 X34.1

N160 X52 F100

N170 Z-29

N180 X34.1 F60

N190 X52 F100

N200 Z-32

N210 X34.1 F60

N220 X52 F100

N230 Z-33

N240 X34 F60

N250 Z-22

N260 X52 F100

N270 G00 X100 Z100

N280 M05

N290 M30

5. 加工操作

多槽轴的加工操作步骤如下:

① 输入并校验程序;

② 装夹毛坯,其伸出长度为 65 mm,手动光外圆;

③ 安装刀具 T01,并对刀;

④ 选择程序,粗精加工工件左端外圆;

⑤ 工件掉头,装夹工件,其伸出长度为 55 mm;

⑥ 车端面,控制总长,并对 T01 刀具进行 Z 向对刀;

⑦ 钻中心孔;

⑧ 采用一夹一顶方式装夹工件;

⑨ 选择程序,粗精加工工件右端外圆;

⑩ 安装刀具 T02,并对刀;

⑪ 选择程序,加工多槽;

⑫ 选择程序,加工宽槽;

⑬ 拆卸工件;

⑭ 测量、检验工件。

6. 加工误差分析

槽在加工过程中出现的误差见表6-3。

表6-3 槽加工误差分析

误差现象	产生原因	预防和消除方法
槽的一侧或两侧出现小台阶	① 刀具数据不准确; ② 程序错误	① 调整或重新设定刀具数据; ② 检查、修改加工程序
槽底出现倾斜	刀具安装不正确	正确安装刀具
槽的侧面呈凹凸面	① 刀具刃磨角度不对称; ② 刀具安装角度不对称; ③ 刀具两刀尖磨损不对称	① 重新刃磨刀具; ② 正确安装刀具; ③ 更换刀片
槽的两个侧面倾斜	刀具磨损	重新刃磨刀具或更换刀片
槽底出现振动现象,留有振纹	① 工件装夹不正确; ② 刀具安装不正确; ③ 切削参数不正确; ④ 程序延时时间太长	① 检查工件的装夹,增加装夹的刚度; ② 调整刀具的安装位置; ③ 调高或降低切削速度; ④ 缩短程序延时时间

6.1.5 任务评价

车削多槽轴的考核评分标准见表6-4。

表6-4 车削多槽轴的考核评分标准

序号	项目与权重	考核内容及要求	配分		评分标准
			IT	Ra	
1	工件加工(64%)	$\phi64_{-0.030}^{0}$ mm,$Ra1.6$ μm	8	3	不合格全扣
2		$\phi35_{-0.025}^{0}$ mm,$Ra1.6$ μm	8	3	不合格全扣
3		$\phi50_{-0.039}^{0}$ mm,$Ra1.6$ μm	8	3	不合格全扣
4		$\phi26$ mm×6 mm,$Ra3.2$ μm	6	2	不合格全扣
5		$\phi34_{-0.084}^{0}$ mm,$Ra3.2$ μm	3	1	不合格全扣
6		$\phi35$ mm×4 mm(6 处),$Ra3.2$ μm	6	3	不合格全扣
7		$92_{-0.1}^{0}$ mm,$Ra3.2$ μm	3	1	不合格全扣
8		$15_{-0.05}^{0}$ mm	3	1	不合格全扣
9		倒角 C1	2		不合格全扣
10	程序与加工工艺(16%)	程序的正确性	4		错一处扣2分
11		加工步骤、路线、切削用量	4		错一处扣2分
12		刀具选择及安装	4		不正确全扣
13		装夹方式	4		不正确全扣

续表

序号	项目与权重	考核内容及要求	配分		评分标准
			IT	*Ra*	
14	车床操作(10%)	对刀的正确性	3		不正确全扣
15		坐标系设定的正确性	3		不正确全扣
16		车床操作的正确性	4		错一处扣2分
17	文明生产(10%)	安全操作	4		出错全扣
18		车床维护与保养	3		不合格全扣
19		工作场所整理	3		不合格全扣
总配分			100		

 ## 6.2 螺纹轴的加工

学 习 目 标

　　能够制订普通三角形外螺纹的数控加工方案；能够熟练运用 G32、G82、G76 等指令,正确编制普通三角形外螺纹零件的加工程序；掌握环规、螺纹千分尺等量具的使用方法。

6.2.1 任务描述

　　根据三角形螺纹的特点,制订加工方案,编制加工程序,并在华中系统 CJK6140 数控车床上加工如图 6-7 所示中间轴上的螺纹。

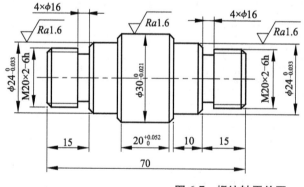

技术要求:
1. 毛坯尺寸: $\phi 35$ mm×71 mm;
2. 材料:45钢;
3. 未注倒角:*C*1.5。

$\sqrt{Ra3.2}$ (√)

图 6-7　螺纹轴零件图

6.2.2 任务分析

　　该零件为外形简单的螺纹轴,由外圆、槽和螺纹构成。毛坯为 3.1.1 节中加工完成的对称轴,材料为 45 钢。本任务需要加工的部分包括轴两端的螺纹(M24×2-6h)、槽(4 mm×φ16 mm),长度尺寸为 15 mm。编制螺纹加工程序时可采用 G82 指令,编程较简单。为了加工出合格的螺纹,需要了解螺纹的车削方法,掌握螺纹刀、切削用量的选择,学习螺纹切削指令 G32、G82、G76 的使用方法。

6.2.3 相关知识与技能

1. 螺纹基本知识

（1）螺纹分类

螺纹有很多种,按用途分为紧固螺纹、密封螺纹和传动螺纹等;按牙型分为三角形螺纹、矩形螺纹、梯形螺纹、锯齿形螺纹和圆形螺纹等,如图 6-8 所示;按螺旋方向分为右旋螺纹和左旋螺纹;按螺旋线数分为单线螺纹和多线螺纹;按螺纹母体形状分为圆柱螺纹和圆锥螺纹。

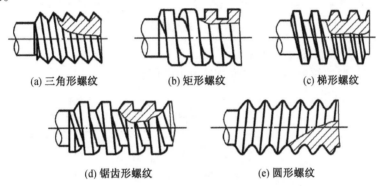

(a) 三角形螺纹　　(b) 矩形螺纹　　(c) 梯形螺纹

(d) 锯齿形螺纹　　(e) 圆形螺纹

图 6-8　不同牙型的螺纹

（2）螺纹的标注

【格式】

特征代号公称直径×导程(螺距)旋向-公差带代号-旋合长度代号

【说明】

① 单线螺纹标注时,将导程改为螺距。

② 粗牙螺纹不标注螺距。

③ 右旋螺纹不用标出旋向,左旋螺纹则标注 LH。

④ 公差带代号应按顺序标注中径、顶径公差带代号。

⑤ 旋合长度长,标为 L;旋合长度短,标为 S;旋合长度中等,标为 N,可省略。

【例 6-2】　说明螺纹代号 M20×2LH-5g6g-S 的含义。

解:该螺纹为短旋合单线左旋细牙普通三角形螺纹,大径为 20 mm,螺距为 2 mm,中径公差带代号为 5g,顶径公差带代号为 6g。

【例 6-3】　说明螺纹代号 Tr40×14(P7)-7H-L 的含义。

解:该螺纹为长旋合双线右旋梯形螺纹,大径为 40 mm,螺距为 7 mm,中径公差带代号为 7H,顶径公差带代号为 7H。

（3）螺纹结构

本任务主要介绍普通的三角形螺纹,分为粗牙和细牙普通螺纹,牙型角均为60°。螺纹各部分的名称如图6-9所示。

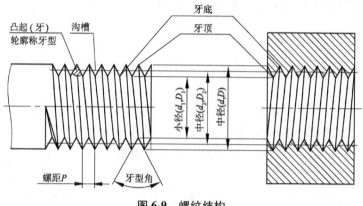

图6-9　螺纹结构

（4）普通三角形螺纹尺寸计算

① 普通三角形螺纹牙型角的参数如图6-10所示。

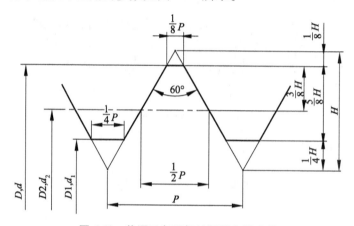

图6-10　普通三角形螺纹牙型角的参数

② 普通三角形螺纹的各个尺寸计算公式见表6-5。

表6-5　普通三角形螺纹尺寸计算

名称		代号	计算公式或取值
外螺纹	牙型角	α	60°
	原始三角形高度	H	$H=0.866P$
	牙型高度	h	$h=\dfrac{5}{8}H=\dfrac{5}{8}\times0.866P=0.541\,3P$
	中径	d_2	$d_2=d-2\times\dfrac{5}{8}H=d-0.649\,5P$
	小径	d_1	$d_1=d-2h=d-1.082\,5P$

续表

名称		代号	计算公式或取值
内螺纹	中径	D_2	$D_2 = d_2$
	小径	D_1	$D_1 = d_1$
	大径	D	$D = d = 公称直径$
螺纹升角		ψ	$\tan \psi = \dfrac{nP}{\pi d_2}$

2. 螺纹车刀

（1）高速钢外螺纹车刀

高速钢外螺纹车刀刃磨方便,切削刃锋利,韧性好,刀尖不易崩裂,车出螺纹的表面粗糙度值小,但它的热稳定性差,不宜高速车削,因此常用于低速切削或作为螺纹精车刀。常见的高速钢外螺纹车刀的几何形状及几何参数如图 6-11 所示。

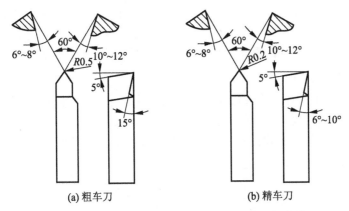

(a) 粗车刀　　　　　　　　　　(b) 精车刀

图 6-11　高速钢外螺纹车刀的几何形状及几何参数

（2）硬质合金外螺纹车刀

由于高速钢外螺纹车刀刃磨时易退火,在高温下车削时容易磨损,因而在加工脆性材料(如铸铁)、高速切削塑性材料以及较大批量螺纹工件时,应选用硬度高、耐磨性好、耐高温的硬质合金外螺纹车刀。

硬质合金外螺纹车刀的硬度高,耐磨性好,耐高温,热稳定性好,但抗冲击能力差,因此,硬质合金外螺纹车刀适用于高速切削。常用的硬质合金外螺纹车刀的几何形状及几何参数如图 6-12 所示。

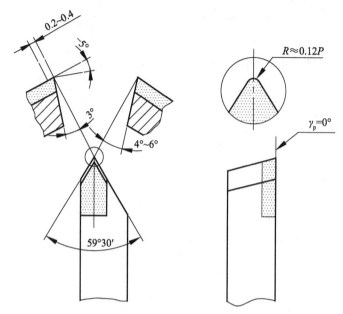

图 6-12　硬质合金外螺纹车刀的几何形状及几何参数

（3）内螺纹车刀

内螺纹车刀根据所加工内孔的结构特点来选择。由于内螺纹车刀的大小受内螺纹孔径的限制，所以内螺纹车刀刀体的径向尺寸应比螺纹孔径小 3~5 mm，否则退刀时易碰伤牙顶，甚至无法车削。内螺纹车刀刀尖的几何参数如图 6-13 所示。

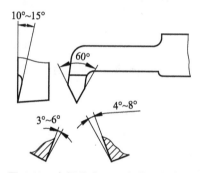

图 6-13　内螺纹车刀刀尖的几何参数

3. 三角形螺纹的测量

三角形螺纹一般使用螺纹量规进行综合测量，也可以进行单项测量。

（1）单项测量

单项测量是选择合适的量具测量螺纹的某一项参数的精度，常见的有测量螺纹的顶径、螺距、中径。由于螺纹的顶径公差较大，一般只需用游标卡尺测量即可。螺纹的螺距可用钢直尺测量或用螺距规测量。三角形螺纹的中径可用螺纹千分尺测量，如图 6-14 所示。螺纹千分尺有两个可以调整的测量头，其读数原理与千分尺相同。测量时，两个与螺纹牙型角相同的测量头正好卡在螺纹牙侧，所得的千分尺读数就是螺纹中径的实际尺寸。

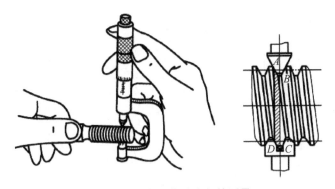

图 6-14 三角形螺纹中径的测量

（2）综合测量

综合测量是采用螺纹量规对螺纹各部分的主要尺寸同时进行综合检验的一种测量方法。这种方法效率高，操作方便，能较好地保证互换性，广泛应用于标准螺纹或大批量生产的螺纹工件的测量。螺纹量规的类型包括螺纹环规和螺纹塞规两种，它们分别有通规和止规之分，如图 6-15 所示。螺纹环规用来测量外螺纹，螺纹塞规用来测量内螺纹。测量时，如果通规刚好能旋入，止规不能旋入，就说明螺纹精度合格。对于精度要求不高的螺纹，也可以通过标准螺母和螺杆检验，以旋入工件时是否顺利和松动的程度来确定其是否合格。

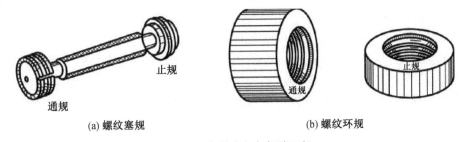

(a) 螺纹塞规   (b) 螺纹环规

图 6-15 螺纹塞规与螺纹环规

4. 三角形螺纹的车削

（1）螺纹车削原理

螺纹车削过程中，将工件装夹在车床上，使工件做旋转运动，螺纹车刀沿工件轴线方向做等速移动，在工件外缘形成一条螺旋线。逐步增加背吃刀量，经多次车削，螺旋线就形成了螺旋槽，即螺纹，如图 6-16 所示。这就是螺纹的车削原理，其中主轴的旋转速度与刀具的进给量保持固定的关系，即主轴每旋转一圈，刀具匀速移动一个导程。

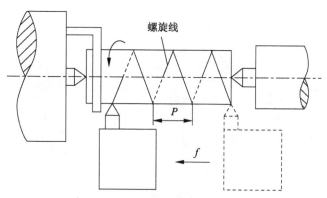

图 6-16　螺纹的车削原理示意

（2）三角形螺纹车削进给方法

1）直进法

直进法（见图 6-17a）车削螺纹时，螺纹车刀刀尖及左右两侧刃都进行切削操作，由中滑板做横向进给，随着螺纹深度的加深，背吃刀量相应减小，直至把螺纹车削好为止。

2）左右切削法

左右切削法（见图 6-17b）车削螺纹时，要合理分配切削余量，粗车时可顺着进给方向偏移，一般每边留精车余量 0.2~0.3 mm。精车时，为了使螺纹两侧面都比较光洁，当一侧面车光洁后，再将车刀偏移到另一侧面进行车削。粗车时，切削速度取 10~15 m/min；精车时，切削速度小于 6 m/min，背吃刀量小于 0.05 mm。

3）斜进法

斜进法（见图 6-17c）的操作比较方便，但由于背离 Z 轴进给方向的牙侧面的粗糙度值较大，因此该方法只适宜于粗车螺纹。在精车时，必须采用左右切削法才能使螺纹的两侧面都获得较小的表面粗糙度值。采用高速钢车刀低速车螺纹时要加注切削液，以防止出现"扎刀"现象。

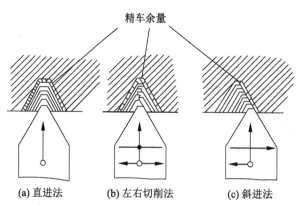

图 6-17　螺纹车削方法

5. 三角形螺纹切削用量的选择

（1）主轴转速

根据车削螺纹时主轴每旋转一圈，则刀具进给一个导程的机理可知，数控车床车削螺纹时的进给速度是由选定的主轴转速决定的。螺纹加工程序段中指令的螺纹导程(单头螺纹时即为螺距),相当于以进给量 $f(\mathrm{mm/r})$ 表示的进给速度 v_f,即

$$v_\mathrm{f} = nf$$

进给速度 v_f 与进给量 f 成正比。如果车床的主轴转速过高,换算后的进给速度就会大大超过车床的额定进给速度。因此,车削螺纹时主轴转速的选择要考虑进给系统的参数设置情况和车床电气系统的配置情况,避免出现螺纹"乱牙"或起/终点附近螺距不符合要求等现象。螺纹加工一旦开始,其主轴转速一般不能更改,包括精加工在内的主轴转速都必须沿用第一次进刀加工时的选定值。否则,数控系统会因为脉冲编码器基准脉冲信号的"过冲"量而导致螺纹"乱牙"。

(2)背吃刀量

由于螺纹车削加工为成形车削,刀具的强度较差,且切削进给量较大,刀具所受的切削力也很大,所以一般要求分数次进给加工,并按递减趋势选择相对合理的切削深度。实际加工螺纹时,由于车刀刀尖半径的影响,螺纹的切深有变化。当外螺纹牙底在 $H/8$ 处削平时,牙型高度 $h = H - 2 \times H/8 = 3/4H = 0.649\ 5P$;螺纹大径 $d_{大} = d_{公称} - 0.1 \times P$;螺纹小径 $d_{小} = d_{公称} - 2 \times 0.649\ 5 \times P$。其中,$H$ 为螺纹原始三角形高度,本书中 $H = 0.866P$,P 为螺纹的螺距。

每次进给的背吃刀量根据螺纹深度减去精车背吃刀量所得的值按递减规律分配,具体见表6-6。

表 6-6　常用的背吃刀量和车削次数

螺距/mm	牙深(半径值)/mm	背吃刀量(直径值)/mm								
		1次	2次	3次	4次	5次	6次	7次	8次	9次
1.0	0.649	0.7	0.4	0.2						
1.5	0.974	0.8	0.6	0.4	0.16					
2.0	1.299	0.9	0.6	0.6	0.4	0.1				
2.5	1.624	1.0	0.7	0.6	0.4	0.4	0.15			
3.0	1.949	1.2	0.7	0.6	0.4	0.4	0.4	0.2		
3.5	2.273	1.5	0.7	0.6	0.4	0.4	0.4	0.2	0.15	
4.0	2.598	1.5	0.8	0.6	0.6	0.4	0.4	0.4	0.3	0.2

6. 螺纹加工指令

(1)螺纹切削指令 G32

【格式】　G32 X(U)＿ Z(W)＿ R ＿ E ＿ P ＿ F ＿

【说明】

① X、Z:绝对编程时,有效螺纹终点在工件坐标系中的坐标。

② U、W:增量编程时,有效螺纹终点相对于螺纹切削起点的位移量。

③ F:螺纹导程,即主轴每旋转一圈,刀具相对于工件的进给量。

④ R、E:螺纹切削的退尾量。R 为 Z 向退尾量,E 为 X 向退尾量;R、E 在绝对或增量

编程时都以增量方式指定。其符号为正,表示沿 Z、X 的正方向回退;其符号为负,表示沿 Z、X 的负方向回退。使用 R、E 可免去退刀槽;R、E 可以省略,表示不用回退功能。根据螺纹标准,R 一般取 2 倍螺距,E 取螺纹的牙型高度。

⑤ P:主轴基准脉冲处距离螺纹切削起始点的主轴转角。

G32 指令能加工圆柱螺纹、锥度螺纹和端面螺纹。G32 指令加工螺纹的车削参数如图 6-18 所示。

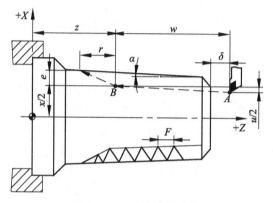

图 6-18　螺纹的车削参数

【注意】

① 从螺纹粗加工转为精加工后,主轴的转速必须保持不变。

② 在主轴旋转没有停止的情况下,若停止螺纹的切削运动,则会导致工件报废或刀具损坏。因此,螺纹切削时,应使进给保持功能无效。如果按下【进给保持】键,那么刀具在加工完螺纹后停止运动。

③ 螺纹在加工过程中不使用恒定线速度控制功能。

④ 在螺纹的加工轨迹中应设置足够的升速进刀段长度 δ 和降速退刀段长度 δ',以消除伺服滞后造成的螺距误差。

【例 6-4】　编写图 6-19 所示圆柱螺纹的加工程序。其中,螺纹导程 $P = 1.5$ mm,$\delta = 1.5$ mm,$\delta' = 1$ mm,每次吃刀量(直径值)分别为 0.8 mm、0.6 mm、0.4 mm、0.16 mm。

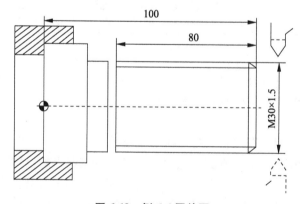

图 6-19　例 6-4 零件图

解:应用 G32 螺纹加工指令编程,参考程序如下:

```
%0004
N1 T0101
N2 M03 S300
N3 G00 X29.2 Z101.5
N4 G32 Z19 F1.5
N5 G00 X40
N6 Z101.5
N7 X28.6
N8 G32 Z19 F1.5
N9 G00 X40
N10 Z101.5
N11 X28.2
N12 G32 Z19 F1.5
N13 G00 X40
N14 Z101.5
N15 U-11.96
N16 G32 W-82.5 F1.5
N17 G00 X40
N18 X50 Z120
N19 M05
N20 M30
```

（2）螺纹车削循环指令 G82

【格式】　G82 X(U)__ Z(W)__ I __ R __ E __ C __ P __ F __

【说明】

① X、Z:绝对值编程时,为螺纹终点 C 在工件坐标系下的坐标;增量值编程时,为螺纹终点 C 相对于循环起点 A 的有向距离,用 U、W 表示。

② I:螺纹起点 B 与螺纹终点 C 的半径差,其符号与半径差的符号一致(无论是绝对值编程还是增量值编程)。

③ R、E:螺纹切削的退尾量,R、E 均为向量,R 为 Z 向回退量,E 为 X 向回退量;R、E 可以省略,表示不用回退功能。

④ C:螺纹头数,其值为 0 或 1 时,切削单头螺纹。

⑤ P:单头螺纹切削时,为主轴基准脉冲处距离切削起始点的主轴转角(缺省值为 0);多头螺纹切削时,为相邻螺纹头的切削起始点之间对应的主轴转角。

⑥ F:螺纹导程。

⑦ 该指令执行如图 6-20 所示 $A→B→C→D→A$ 的加工轨迹。

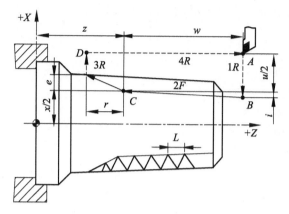

图 6-20　G82 指令螺纹切削的加工轨迹

【例 6-5】　用 G82 指令编写图 6-21 所示零件的加工程序,毛坯外形已加工完成。

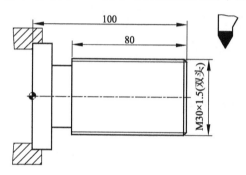

图 6-21　例 6-5 零件图

解:零件的参考加工程序如下:

%0005

N1 T0101

N2 M03 S300

N3 G00 X35 Z104

N4 G82 X29.2 Z18.5 C2 P180 F3

N5 X28.6 Z18.5 C2 P180 F3

N6 X28.2 Z18.5 C2 P180 F3

N7 X28.04 Z18.5 C2 P180 F3

N8 M05

N9 M30

（3）螺纹车削复合循环编程指令 G76

【格式】　G76 C(c) R(r) E(e) A(a) X(x) Z(z) I(i) K(k) U(d) V(Δd_{min}) Q(Δd) P(p) F(l)

【说明】

① 螺纹切削固定循环指令 G76 执行图 6-22 所示的加工轨迹。

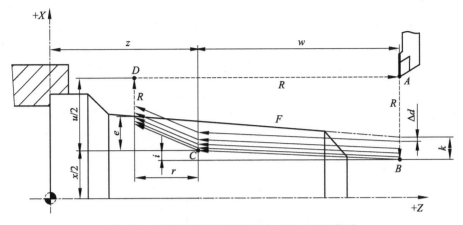

图 6-22　螺纹切削固定循环指令 G76 的加工轨迹

② c:精整次数(1~99),为模态值。

③ r:螺纹 Z 向的退尾长度(00~99),为模态值。

④ e:螺纹 X 向的退尾长度(00~99),为模态值。

⑤ a:刀尖角度(两位数字),为模态值;在 80°、60°、55°、30°、29° 和 0° 六个角度中选一个。

⑥ x、z:绝对值编程时,为有效螺纹终点 C 的坐标;增量值编程时,为有效螺纹终点 C 相对于循环起点 A 的有向距离(若用 G91 指令定义,则为增量编程;若用 G90 定义,则为绝对编程)。

⑦ i:螺纹两端的半径差,若 $i=0$,则为直螺纹(圆柱螺纹)切削方式。

⑧ k:螺纹高度,该值由 X 轴方向上的半径值指定。

⑨ Δd_{min}:最小切削深度(半径值),当第 n 次切削深度 $\Delta d(\sqrt{n}-\sqrt{n-1})<\Delta d_{min}$ 时,则切削深度设定为 Δd_{min},如图 6-23 所示。

⑩ d:精加工余量(半径值)。

⑪ Δd:第一次切削深度(半径值)。

⑫ p:主轴基准脉冲处距离切削起始点的主轴转角。

⑬ l:螺纹导程。

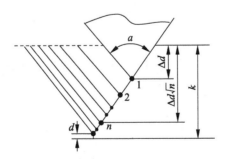

图 6-23　G76 循环指令单边车削及其参数

【注意】

① 采用 G76 指令中的 $X(x)$ 和 $Z(z)$ 实现循环加工,增量编程时,要注意 x 和 z 的正负号。

② G76 循环指令进行单边切削,减小了刀尖的受力。第一次切削的切削深度为 Δd,第 n 次切削的总深度为 $\Delta d\sqrt{n}$,每次循环的背吃刀量为 $\Delta d(\sqrt{n}-\sqrt{n-1})$。

③ 图 6-22 中,点 B 到点 D 的切削速度由 F 代码指定,而其他轨迹均为快速进给。

【例 6-6】 用螺纹切削复合循环 G76 指令编程,加工螺纹为 ZM60×2、尺寸如图 6-24 所示的零件。

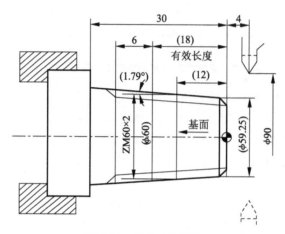

图 6-24 例 6-6 零件图

解:应用螺纹切削复合循环 G76 指令编写的参考程序如下:

```
%0006
N1 T0101
N2 G00 X100 Z100
N3 M03 S500
N4 G00 X90 Z4
N5 G80 X61.125 Z-30 I-1.036 F80
N6 G00 X100 Z100 M05
N7 T0202
N8 M03 S300
N9 G00 X90 Z4
N10 G76 C2 R-3 E1.3 A60 X58.15 Z-24 I-0.875 K1.299 U0.1 V0.1 Q0.9 F2
N11 G00 X100 Z100
N12 M05
N13 M30
```

6.2.4　任务实施

1. 准备工作

① 工件:45 钢;毛坯为 3.1.1 节中加工出的对称轴。

② 设备:CJK6140 车床、华中数控系统。

③ 加工中所需工具、量具、刀具清单见表 6-7。

表 6-7　工具、量具、刀具清单

序号	名称	规格	数量	备注
1	千分尺	0~25 mm	1	
2	游标卡尺	0~150 mm	1	
3	外圆切槽刀	刀宽 4 mm	1	T02
4	外螺纹刀	60°	1	T03
5	螺纹环规	M20×2-6h	1	

2. 加工方案

螺纹轴的加工方案如下:

① 装夹工件,车 4 mm×ϕ16 mm 外槽。

② 车外螺纹 M20×2-6h。

③ 工件掉头,夹持 ϕ30 mm 外圆,车 4 mm×ϕ16 mm 外槽。

④ 车外螺纹 M20×2-6h。

3. 加工工艺卡

螺纹轴数控加工工艺卡见表 6-8。

表 6-8　螺纹轴数控加工工艺卡

工步号	工步内容		刀具	转速/(r·min⁻¹)	进给速度/(mm·min⁻¹)	背吃刀量/mm	操作方式
1	装夹 1:三爪自定心卡盘夹持 ϕ30 mm 外圆	车 4mm×ϕ16mm 外槽	T02	500	50		自动
2		车外螺纹 M20×2-6h	T03	700	100	0.9~0.1	自动
3	装夹 2:工件调头,三爪自定心卡盘夹持 ϕ30 mm 外圆	车 4 mm×ϕ16 mm 外槽	T02	500	50		自动
4		车外螺纹 M20×2-6h	T03	700	100	0.9~0.1	自动

4. 加工程序

普通三角形外螺纹的参考加工程序如下:

```
%0001
N10 G94
N20 T0202
```

N30 M03 S500

N40 G00 X32 Z−15

N50 G01 X16 F50

N60 X32

N70 G00 X100 Z100

N80 M05

N90 T0303

N100 M03 S700

N110 G00 X20.5 Z4

N120 G82 X19.1 Z−15 F2

N130 X18.5

N140 X17.9

N150 X17.5

N160 X17.4

N170 G00 X100 Z100

N180 M05

N190 M30

5. 加工操作

螺纹的加工操作步骤如下:

① 输入程序,并校验;

② 安装工件,夹持 ϕ30 mm 外圆,并找正;

③ 安装刀具 T02、T03,并对刀;

④ 选择程序,加工槽和螺纹;

⑤ 用螺纹环规检验,直至车出合格螺纹;

⑥ 工件掉头,夹持 ϕ30 mm 外圆,找正夹紧;

⑦ 对刀具 T02、T03 进行 Z 向重新对刀;

⑧ 选择程序,加工另一端的槽和螺纹;

⑨ 用螺纹环规检验,直至车出合格螺纹;

⑩ 拆卸工件;

⑪ 测量、检验工件。

6. 加工误差分析

螺纹加工的过程中会产生各种加工误差,从而影响螺纹的尺寸精度、表面质量等,若误差太大,则会导致螺纹配合失败。因此,分析常见误差(见表6-9),总结误差的产生原因,并采取对应的预防和消除方法,从而指导加工操作,有利于提高零件加工质量。

表 6-9 螺纹加工误差分析

误差现象	产生原因	预防和消除方法
车削过程出现振动	① 工件装夹不正确; ② 刀具安装不正确; ③ 切削参数不正确	① 检查工件的装夹位置; ② 调整刀具的安装位置; ③ 提高或降低切削速度
螺纹牙顶呈刀口状	① 刀具角度选择错误; ② 螺纹外径尺寸过大; ③ 螺纹车削过深	① 选择正确的刀具; ② 检查并选择合适的工件外径尺寸; ③ 减小螺纹车削深度
螺纹牙型过平	① 刀具中心错误; ② 螺纹车削深度不够; ③ 刀具牙型角度过小; ④ 螺纹外径尺寸过小	① 选择合适的刀具并调整中心高度; ② 计算并增加车削深度; ③ 适当增大刀具牙型角; ④ 检查并选择合适的工件外径尺寸
螺纹牙型底部的圆弧过大	① 刀具选择错误; ② 刀具磨损严重	① 选择正确的刀具; ② 重新刃磨或更换刀片
螺纹牙型底部的圆弧过宽	① 刀具选择错误; ② 刀具磨损严重; ③ 螺纹有乱牙现象	① 选择正确的刀具; ② 重新刃磨或更换刀片; ③ 检查加工程序中有无错误
螺纹牙型半角不正确	刀具安装角度不正确	调整刀具安装角度
螺纹表面质量差	① 切削速度过低; ② 刀具的中心高度过低; ③ 切屑控制较差; ④ 切削液选用不合理	① 调高主轴转速; ② 调整刀具的中心高度; ③ 选择合适的进刀方式及切削深度; ④ 选择合适的切削液
螺距误差	① 伺服系统滞后效应; ② 加工程序不正确	① 增加螺纹切削升、降速段的长度; ② 检查、修改加工程序

6.2.5 任务评价

车削普通三角外螺纹轴的考核评分标准见表 6-10。

表 6-10 车削普通三角外螺纹轴的考核评分标准

序号	项目与权重	考核内容及要求	配分		评分标准
			IT	Ra	
1	工件加工(50%)	M20×2-6h(2 处),Ra3.2 μm	26	6	不合格全扣
2		4 mm×ϕ16 mm(2 处),Ra3.2 μm	10	4	不合格全扣
3		倒角 C1.5	4		不合格全扣
4	程序与加工工艺(20%)	程序的正确性	6		错一处扣 2 分
5		加工步骤、路线、切削用量	6		错一处扣 2 分
6		刀具选择及安装	4		不正确全扣
7		装夹方式	4		不正确全扣

序号	项目与权重	考核内容及要求	配分		评分标准
			IT	*Ra*	
8	车床操作（15%）	对刀的正确性	5		不正确全扣
9		坐标系设定的正确性	4		不正确全扣
10		车床操作的正确性	6		错一处扣 2 分
11	文明生产（15%）	安全操作	5		出错全扣
12		车床维护与保养	5		不合格全扣
13		工作场所整理	5		不合格全扣
总配分			100		

 思考与练习

6-1 在数控车床上进行槽加工一般可采用哪些装夹方式？

6-2 槽加工在刀具选择与进刀方式等方面应注意哪些问题？

6-3 说明 G04 指令的含义。

6-4 说明子程序指令的主要功能。

6-5 说明子程序指令的应用格式。

6-6 常见的槽加工误差有哪些？

6-7 说明 G32 指令的格式。

6-8 说明直螺纹车削循环指令 G82 的格式。

6-9 说明常见的螺纹加工的进刀方式和车削深度的分配方式。

6-10 螺纹加工有哪些注意事项？

6-11 螺纹加工中螺距误差产生的原因有哪些？

6-12 说明锥螺纹车削循环编程指令 G82 的格式。

6-13 三角内螺纹加工有哪些注意事项？

6-14 用锥螺纹车削循环编程指令 G82 编制加工多线螺纹程序时应注意哪些事项？

6-15 说明螺纹车削复合循环指令 G76 的格式及其参数含义。

6-16 螺纹加工时为什么要留有一定的切入与切出量？

6-17 车螺纹时，产生扎刀现象的原因是什么？

6-18 编制图 6-25 所示圆柱螺纹 M30 mm×1.5 mm 的加工程序，其中，$\delta_1 = 3$ mm，$\delta_2 = 2$ mm。

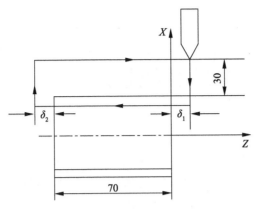

图 6-25　习题 6-18 加工图样

6-19　编制图 6-26 所示圆柱螺纹的加工程序。

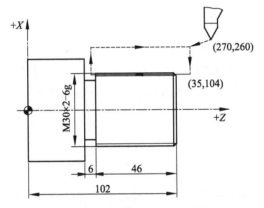

图 6-26　习题 6-19 加工图样

6-20　编制图 6-27 所示圆柱螺纹的加工程序。

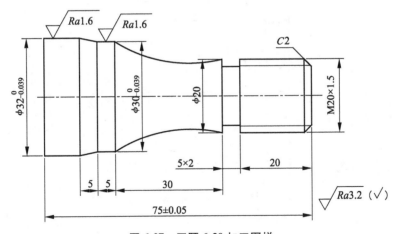

图 6-27　习题 6-20 加工图样

第7章 非圆曲线加工

普通数控车床一般只有直线和圆弧插补功能,没有可以加工含有椭圆、抛物线、正弦曲线等非圆曲线的插补指令。要想实现以上非圆曲线的加工,可以采取多条直线段逼近曲线的方法。本章主要介绍在华中系统数控车床上使用宏程序编程加工非圆曲线轴的方法。

7.1 椭圆轴的加工

学 习 目 标

了解宏程序的概念及宏程序的相关知识,掌握宏变量、运算符与表达式的使用方法,掌握条件判别语句、循环语句在非圆曲线中的应用方法,能够完成图样所示的椭圆轴的编程加工。

7.1.1 任务描述

根据椭圆曲线的特点,分析加工工艺,编制加工程序,并在华中系统 CJK6140 数控车床上完成图 7-1 所示椭圆轴的加工。

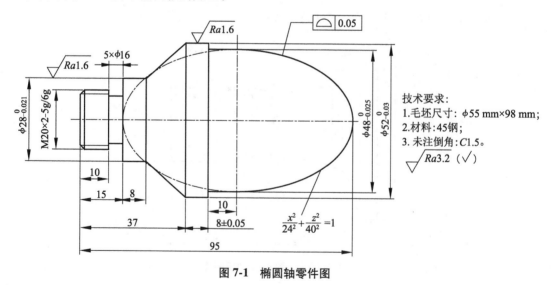

技术要求:
1.毛坯尺寸: $\phi 55$ mm×98 mm;
2.材料:45钢;
3. 未注倒角: $C1.5$。
$\sqrt{Ra3.2}$ $(\sqrt{})$

$$\frac{x^2}{24^2}+\frac{z^2}{40^2}=1$$

图 7-1 椭圆轴零件图

7.1.2　任务分析

该椭圆轴的加工包含了外圆、锥面、槽、螺纹及非圆曲线椭圆的加工,其难点在于非圆曲线加工的程序编制和精度控制。

从零件图分析可以得到椭圆轴上 2 个外圆的直径分别为 $\phi28$ mm、$\phi48$ mm,尺寸精度的加工要求较高,位置精度的加工要求低,同时其轮廓度要求为 0.05 mm,表面粗糙度的要求较高。如果采用一般曲线加工程序,就不能达到椭圆轴尺寸精度等技术要求,特别是在不支持特殊曲线插补功能的数控车床上更难于实现椭圆曲线的加工。因此,在经济型数控车床上,要运用宏程序编制加工程序,利用变量建立宏程序中的椭圆方程的表达式,从而实现椭圆曲线的加工。

7.1.3　相关知识与技能

1. 宏程序相关概念

(1) 宏程序的定义

华中数控系统为用户配备了强大的类似于高级语言的宏程序功能,用户可以使用变量进行算术运算、逻辑运算和函数的混合运算。此外,宏程序还提供了循环语句、分支语句和子程序调用语句,以便于编制各种复杂的零件加工程序,减少乃至免除手工编程时进行烦琐的数值计算,以及精简程序量。程序指令适合抛物线、椭圆、双曲线等没有插补指令的曲线编程;适合图形一样、尺寸不同的系列零件的编程;适合工艺路径一样,只是位置参数不同的系列零件的编程。宏程序极大地简化了编程,拓展了指令的应用范围。

将一组能实现特定功能的指令像子程序一样事先存入存储器中,用一个总指令来表示它们,执行时只需要写出这个总指令,就可以执行其功能,这一组指令称为用户宏程序。用户宏程序按功能分有 A 类和 B 类两种,A 类宏程序是以 G65 H×× P#×× Q#×× R#×× 的格式输入的;而 B 类宏程序则类似于数学运算,可以用各种数学符号直接表达各种数学运算和逻辑关系,其编程类似于 C 语言编程。本任务主要介绍 B 类宏程序的基本使用方法。

(2) 宏程序中的变量及常量

1) 变量

华中数控系统中,变量按号码可分为局部变量、全局变量和习题变量,具体划分如下:

#0~#49	当前局部变量	#50~#199	全局变量
#200~#249	0 层局部变量	#250~#299	1 层局部变量
#300~#349	2 层局部变量	#350~#399	3 层局部变量
#400~#449	4 层局部变量	#450~#499	5 层局部变量
#500~#549	6 层局部变量	#550~#599	7 层局部变量
#600~#699	刀具长度寄存器 H0~H99	#700~#799	刀具半径寄存器 D0~D99
#800~#899	刀具寿命寄存器	#1000~#1194	系统内状态变量

其中,用户编程仅限使用#0~#599 变量;#599 以后为系统变量,用户不得使用,仅供系统

使用。

2）常量

常量也称为常数,是一种恒定的或不变的数值或数据项。

PI:圆周率 π。

TRUE:条件成立(真)。

FALSE:条件不成立(假)。

（3）运算符与表达式

1）算术运算符

算术运算符包括加(+)、减(-)、乘(＊)、除(／)。

2）条件运算符

条件运算符包括 EQ(=)、NE(≠)、GT(>)、GE(≥)、LT(<)、LE(≤),如表7-1 所示。

表 7-1　条件运算符

条件运算符号	应用举例	含义
EQ	#1 EQ #2	局部变量#1 = 局部变量#2
NE	#1 NE #2	局部变量#1 ≠ 局部变量#2
GT	#1 GT #2	局部变量#1 > 局部变量#2
LT	#1 LT #2	局部变量#1 < 局部变量#2
GE	#1 GE #2	局部变量#1 ≥ 局部变量#2
LE	#1 LE #2	局部变量#1 ≤ 局部变量#2

3）逻辑运算符

逻辑运算符包括 AND(与)、OR(或)、NOT(非)。

4）函数

主要函数有如下几种:

① 正弦:SIN$[a]$,a 为角度,单位是弧度值。

② 余弦:COS$[a]$,a 为角度,单位是弧度值。

③ 正切:TAN$[a]$,a 为角度,单位是弧度值。

④ 反正切:ATAN$[a]$,其大小范围为 $-90° \sim 90°$。

⑤ 绝对值:ABS$[a]$,表示$|a|$。

⑥ 取整:INT$[a]$,采用去尾取整的方法。

⑦ 取符号:SIGN$[a]$,a 为正数则返回 1,a 为 0 则返回 0,a 为负数则返回 -1。

⑧ 开平方:SQRT$[a]$,表示$\sqrt{a}$。

⑨ 指数:EXP$[a]$,表示e^a。

5）表达式

用运算符连接起来的常数或宏变量构成表达式,表达式里用方括号来表示运算顺序。宏程序中不用圆括号,因为圆括号是注释符。运算符的优先级由高到低的顺序如

图 7-2 所示。

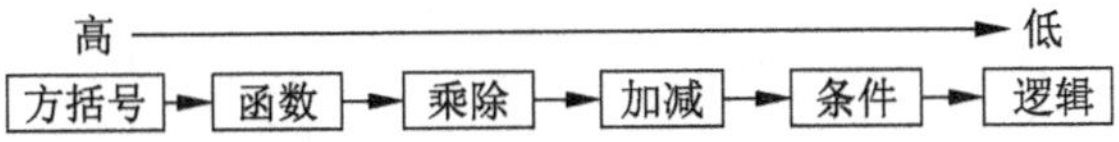

图 7-2　运算符的优先级

【例 7-1】　将下式用宏程序表达式表示：

① $\dfrac{24}{40}\sqrt{40^2-\#2^2}$ ；

② #2>-80。

解：① $24*\mathrm{SQRT}[40*40-[\#2*\#2]]/40$ ；

② #2GT-80。

（4）赋值语句

【格式】　宏变量=常数或表达式

【说明】　把常数或表达式的值赋予一个宏变量称为赋值。

【例 7-2】　理解以下赋值语句：

① $\#2=175/\mathrm{SQRT}[2]*\mathrm{COS}[55*\mathrm{PI}/180]$ ；

② #50=124。

解：① 将表达式赋值给局部变量#2；

② 将常量 124 赋值给全局变量#50。

（5）条件判断语句

【格式 1】　IF 条件表达式

　　　　　……

　　　　　ELSE

　　　　　……

　　　　　ENDIF

【说明】　当条件表达式成立时，将执行 IF 与 ELSE 之间的程序段；当条件表达式不成立时，执行 ELSE 后面的程序段，ENDIF 表示条件判断结束，如图 7-3 所示。

【格式 2】　IF 条件表达式

　　　　　……

　　　　　ENDIF

【说明】　当条件表达式成立时，将执行 IF 与 ENDIF 之间的程序段；当条件表达式不成立时，执行 ENDIF 后面的程序段，如图 7-4 所示。

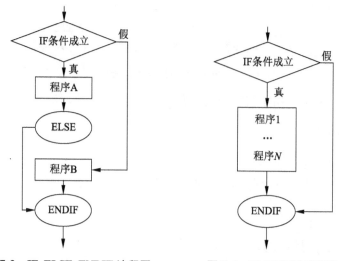

图 7-3　**IF、ELSE、ENDIF 流程图**　　　图 7-4　**IF、ENDIF 流程图**

（6）循环语句

【格式】　WHILE 条件表达式

　　　　　……

　　　　　ENDW

【说明】　当条件表达式成立时,将重复执行 WHILE 与 ENDW 之间的程序段,直到条件不满足为止;当条件表达式不成立时,执行 ENDW 后面的程序段,如图 7-5 所示。

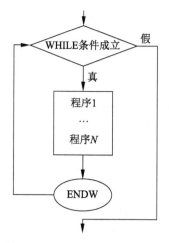

图 7-5　**WHILE、ENDW 流程图**

2. 椭圆宏程序加工编程实例

【例 7-3】　用宏程序编制图 7-6 所示椭圆曲线的精车程序。

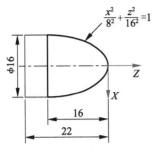

图 7-6 例 7-3 零件图

解：根据用无数微小的直线段近似椭圆圆弧的原理，将图中椭圆长半轴（即 Z 轴方向）进行等分，从而确定微小的直线段，如图 7-7 所示。为了保证椭圆弧度的加工精度，Z 轴方向以 0.1 mm 的间隔等分，再利用 G01 直线插补指令完成直线段的加工，其中 G01 后的 Z 坐标参数可以直接写出，而 X 坐标参数需要利用椭圆方程间接计算得出。综合考虑到本例具有等分点的数目较多、编程方便、计算简单等特点，确定用 WHILE 循环语句编程。

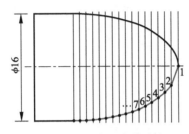

图 7-7 微小直线段的确定

编程中，设置两个局部变量#1和#2，分别表示 X 轴和 Z 轴方向的长度，根据图 7-6 中工件坐标系和椭圆几何坐标系的关系，局部变量#1和#2 的初始值分别设为0 和16。该椭圆曲线的参考加工程序如下：

```
%0003
N10 T0101
N20 M03 S1000
N30 G00 X22 Z2
N40 X0
N50 #1 =0
N60 #2 =16
N70 WHILE #2 GE0
N80 G01 X[#1 * 2] Z[#2-16] F80
N90 #2 =#2-0.1
N100 #1 =8/16 * SQRT[16 * 16-#2 * #2]
N110 ENDW
N120 G01 Z-22
```

N130 U6

N140 G00 X50 Z100

N150 M05

N160 M30

【例 7-4】 用宏程序编制图 7-8 所示椭圆曲线的精车程序。

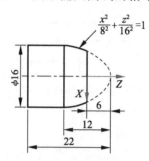

图 7-8　例 7-4 加工图样

解：采用 WHILE 循环语句编程,定义两个局部自变量 #1 和 #2 分别表示 Z 轴和 X 轴方向的长度,其中,#1 的初始值为 6。该椭圆曲线的参考加工程序如下：

%0004

N10 T0101

N20 M03 S1000

N30 G00 X22 Z2

N40 X0

N50 G01 Z0 F80

N60 #1 = 6

N70 WHILE #1 GE 0

N80 #2 = 8/12 * SQRT[12 * 12 − #1 * #1]

N90 G01 X[#2 * 2] Z[#1 − 6] F80

N100 #1 = #1 − 0.1

N110 ENDW

N120 G01 Z − 22

N130 U6

N140 G00 X50 Z100

N150 M05

N160 M30

【例 7-5】 用宏程序编制图 7-9 所示椭圆曲线的精车程序。

解：采用 WHILE 循环语句编程,定义两个局部自变量 #1 和 #2 分别表示 Z 轴和 X 轴方向的长度,其中,#1 的初始值为 0。该椭圆曲线的参考加工程序如下：

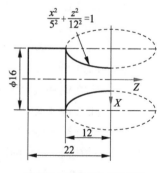

图 7-9　例 7-5 加工图样

```
%0005
N10 T0101
N20 M03 S1000
N30 G00 X22 Z2
N40 X0
N50 G01 Z0 F80
N60 #1 =0
N70 WHILE #1 GE−12
N80 #2 =5/12 ∗ SQRT[12 ∗ 12−#1 ∗ #1]
N90 G01 X[16−#2 ∗ 2] Z[#1] F80
N100 #1 =#1−0.1
N110 ENDW
N120 G01 Z−22
N130 U6
N140 G00 X50 Z100
N150 M05
N160 M30
```

【例 7-6】　用宏程序编制图 7-10 所示椭圆曲线的加工程序。

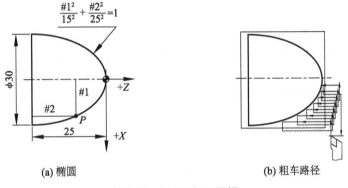

(a) 椭圆　　　　　　　　　　(b) 粗车路径

图 7-10　例 7-6 加工图样

解:例 7-3、例 7-4、例 7-5 中对零件都是采用精加工编程,并没有考虑粗加工。本例中,要完成需要安排粗加工线路并编程。粗加工线路采用矩形车削方法,走刀线路如图 7-10 所示,粗加工编程采用 WHILE 循环语言。该椭圆曲线的参考加工程序如下:

```
%0006
N1 T0101
N2 M03 S600
N3 G00 X32 Z2
N4 #1 =15
N5 #2 =0
N6 WHILE #1 GE 1
```

N7 #1＝#1－1

N8 #2＝25/15＊SQRT［15＊15－#1＊#1］

N9 G00 X［#1＊2+0.5］

N10 G01 z［#2－25］F120

N11 G91 X1

N12 G90 Z2

N13 ENDW

N14 G00 X0

N15 S1200

N16 #1＝0

N17 #2＝25

N18 WHILE #1 LE 15

N19 G01 X［#1＊2］Z［#2－25］F80

N20 #1＝#1+0.1

N21 #2＝25/15＊SQRT［15＊15－#1＊#1］

N22 ENDW

N23 G01 X32

N24 G00 X50 Z100

N25 M05

N25 M30

另外,结合之前讲过的复合循环指令,此处的粗加工编程还可以引用 G71 复合循环指令实现。

3. 坐标系选择指令 G54~G59

【格式】
$$\begin{cases} G54 \\ \cdots\cdots \\ G59 \end{cases}$$

【说明】

① G54~G59 是系统预定的 6 个坐标系,如图 7-11 所示,可根据需要任意选用。加工时,其坐标系的原点必须设为工件坐标系的原点在机床坐标系中的坐标值,否则加工出的产品就会出现误差,甚至报废。

② 这 6 个预定工件坐标系的原点在机床坐标系中的值(工件零点偏置值)可用 MDI 方式输入,系统自动记忆。

③ 工件坐标系一旦选定,后续程序段中采用绝对值编程时的指令值均为相对此工件坐标系原点的值。

④ G54~G59 为模态功能,可相互注销,G54 为缺省值。

【注意】

① 使用该组指令前,先用 MDI 方式输入各坐标系的坐标原点在机床坐标系中的坐标值。

② 使用该组指令前,必须先回参考点。

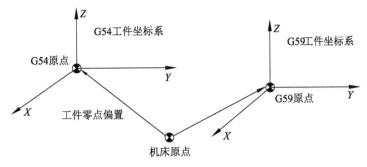

图 7-11　工件坐标系选择 G54~G59

【例 7-7】　如图 7-12 所示,使用工件坐标系编程,要求刀具先从当前点移动到点 A,再从点 A 移动到点 B。

解:走刀的参考程序如下:

```
%0007
N10 G54 G00 G90 X40 Z30
N20 G59
N30 G00 X30 Z30
N40 M30
```

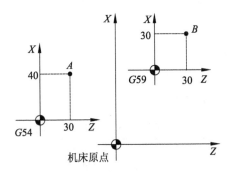

图 7-12　例 7-7 走刀图样

7.1.4　任务实施

1. 准备工作

① 工件:45 钢;毛坯尺寸:ϕ55 mm×98 mm。

② 设备:CJK6140 数控车床、华中数控系统。

③ 加工中所需工具、量具、刀具清单见表 7-2。

表 7-2 工具、量具、刀具清单

序号	名称	规格	数量	备注
1	千分尺	25~50 mm	1	
2	游标卡尺	0~150 mm	1	
3	外圆粗车刀	93°	1	T01
4	外圆精车刀	93°	1	T02
5	外圆切槽刀	刀宽 5 mm	1	T03
6	外螺纹刀	60°	1	T04
7	回转顶尖	60°	1	
8	固定顶尖	60°	1	
9	中心钻	B3.15/10	1	

2. 加工方案

椭圆轴的加工方案如下：

① 用三爪自定心卡盘夹持工件左端，粗车右端轮廓，留精车余量 0.5 mm。其中，外圆 $\phi52$ mm、$\phi48$ mm 的加工程序置于非圆曲线的宏程序中，一次完成外圆及椭圆的加工。

② 工件掉头，用三爪自定心卡盘夹持工件右端，粗车工件左端，留精车余量 0.5 mm，再精车工件左端。

③ 加工 5 mm 宽的退刀槽。

④ 加工工件左端外圆螺纹。

3. 加工工艺卡

椭圆轴的数控加工工艺卡见表 7-3。

表 7-3 椭圆轴的数控加工工艺卡

工步号	工步内容		刀具	转速/ (r·min⁻¹)	进给速度/ (mm·min⁻¹)	背吃刀量/ mm	操作方式
1	装夹 1：三爪自定心卡盘夹持工件右端，伸出长度为 35 mm	光外圆，车长度至 30 mm	T01	800	90	1	手动
2		车端面	T01	800	100	0.5	手动
3		车端面，保证总长	T01	800	100	0.2	手动
4	装夹 2：工件调头，三爪自定心卡盘夹持左端工艺台阶	粗车椭圆	T01	800	150	1.5	自动
5		粗车外圆	T01	800	150	1.5	自动
6		精车椭圆	T01	1 200	80	0.25	自动

工步号	工步内容		刀具	转速/ $(r \cdot min^{-1})$	进给速度/ $(mm \cdot min^{-1})$	背吃刀量/ mm	操作方式
7	装夹3:三爪自定心卡盘夹持工件右端	粗车外圆	T01	800	150	1.5	自动
8		精车外圆	T01	1 200	80	0.25	自动
9		车槽	T02	300	60	2	自动
10		车螺纹	T03	500		递减	自动

4. 加工程序

（1）粗、精车工件右端椭圆及外圆

粗、精车工件右端椭圆及外圆的参考加工程序如下：

```
%0001
N1 T0101
N2 M03 S800
N3 G00 X56 Z2
N4 G71 U1.5 R1 P11 Q21 X0.5 Z0.1 F150
N5 G00 X100 Z100
N6 M05
N7 M00
N8 T0202
N9 M03 S1000
N10 G00 X56 Z2
N11 X0
N12 G01 Z0 F50
N13 #1 =40
N14 WHILE #1 GE 0
N15 #2 =24 ∗ SQRT[40 ∗ 40−[#1 ∗ #1]]/40
N16 G01 X[2 ∗ #2] Z[#1−40] F50
N17 #1 =#1 −0.04
N18 ENDW
N19 G01 X47.99 Z−40
N20 W−10
N21 X56
N22 G00 X100 Z100
N23 M05
N24 M30
```

（2）粗、精车工件左端外圆退刀槽螺纹

粗、精车工件左端外圆退刀槽螺纹的参考加工程序如下：

```
%0002
N1 T0101
N2 M03 S800
N3 G00 X56 Z2
N4 G71 U1.5 R1 P5 Q6 X0.5 Z0.1 F150
   G00 X100 Z100
   M05
   M00
   T0202
   M03 S1000
   G00 X56 Z2
N5 G00 X0
   G01 Z0 F50
   X16.8
   X19.8 Z-1.5
   Z-15
   X27.99
   W-8
   X51.99 Z-37
   W-10
N6 X55
N7 G00 X100 Z100
N8 T0303
N9 S400
N10 G00 X55 Z-15
N11 X30
N12 G01 X16 F50
N13 G04 P2
N14 X30 F200
N15 G00 X100 Z100
N16 T0404
N17 G00 X30 Z4
N18 G82 X18.9 Z-12.5 F2
N19 X18.3
N20 X17.7
N21 X17.3
```

N22 X17.2

N23 X17.2

N24 G00 X100 Z100

N25 M05

N26 M30

5. 加工操作

椭圆轴的加工操作步骤如下：

① 输入并校验程序；

② 三爪自定心卡盘装夹工件，伸出长度为 35 mm，找正并夹紧工件；

③ 安装刀具 T01、T02、T02、T03；

④ 光外圆，车端面；

⑤ 工件调头，车端面，保证总长；

⑥ 对 T01、T02 对刀；

⑦ 选择程序，粗、精车加工工件右端结构；

⑧ 工件调头，对 T01、T02、T03、T04 对刀；

⑨ 选择程序，加工工件左端结构；

⑩ 拆卸工件；

⑪ 测量、检验工件。

6. 加工误差分析

椭圆轴加工过程中会出现各种各样的加工误差，表 7-4 对椭圆轴加工中较常出现的问题、产生的原因、预防及消除方法进行了分析。

表 7-4　螺纹加工误差分析

误差现象	产生原因	预防和消除方法
椭圆度不准确	① 刀具补偿数据不准确； ② 程序错误	① 调整或重新设定刀具补偿数据； ② 检查、修改加工程序的步距
椭圆精度不准确	刀具磨损	重新刃磨刀具
椭圆表面出现振动现象，留有振纹	① 工件装夹不正确； ② 刀具安装不正确； ③ 切削参数不正确	① 检查工件装夹，增加装夹刚度； ② 调整刀具安装位置； ③ 提高或降低切削速度

7.1.5　任务评价

车削椭圆轴的考核评分标准见表 7-5。

表 7-5　车削椭圆轴的考核评分标准

序号	项目与权重	考核内容及要求	配分		评分标准
			IT	Ra	
1	工件加工(64%)	$\phi48^{\ 0}_{-0.025}$ mm, $Ra1.6$ μm	8	3	不合格全扣
2		$\phi52^{\ 0}_{-0.030}$ mm, $Ra1.6$ μm	8	3	不合格全扣
3		$\phi28^{\ 0}_{-0.021}$ mm, $Ra1.6$ μm	8	3	不合格全扣
4		(8 ± 0.02) mm, $Ra3.2$ μm	6	2	不合格全扣
5		M20×2-5g6g, $Ra3.2$ μm	8	3	不合格全扣
6		0.05	6		不合格全扣
7		未注公差	4		不合格全扣
8		倒角 C1	2		不合格全扣
9	程序与加工工艺(16%)	程序的正确性	4		错一处扣2分
10		加工步骤、路线、切削用量	4		错一处扣2分
11		刀具选择及安装	4		不正确全扣
12		装夹方式	4		不正确全扣
13	车床操作(10%)	对刀的正确性	3		不正确全扣
14		坐标系设定的正确性	3		不正确全扣
15		车床操作的正确性	4		错一处扣2分
16	文明生产(10%)	安全操作	4		出错全扣
17		车床维护与保养	3		不合格全扣
18		工作场所整理	3		不合格全扣
总配分			100		

7.2　组合曲线轴的加工

学 习 目 标

　　了解其他非圆曲线的宏程序编程方法,进一步掌握宏变量、预算符与表达式的使用方法;掌握加工正弦曲线、抛物线的宏程序编制方法,并通过 IF 及 WHILE 语句完成图样零件的加工。

7.2.1　任务描述

　　根据抛物线、正弦曲线的特点,分析加工工艺,编制加工程序,并在华中系统 CJK6140

数控车床上完成图 7-13 所示组合曲线轴的加工。

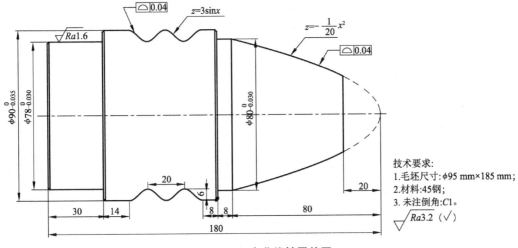

图 7-13　组合曲线轴零件图

7.2.2　任务分析

该零件的加工包含了外圆、正弦曲线、抛物线的加工,其难点在于非圆曲线加工的程序编制及精度的控制。

本任务中,组合曲线轴由抛物线和两个周期的正弦曲线组成,对曲线加工的编程应根据 Z 与 X 之间的函数关系,建立长度变量 Z 与 X 的表达式,利用宏程序的 WHILE 或 IF 语句编程。

7.2.3　相关知识与技能

1. 抛物线、正弦曲线的特点

(1) 抛物线

抛物线属于二次曲线,其标准方程为 $y^2 = 2px(p>0)$,顶点坐标为 $(0,0)$,关于 x 轴对称。当零件的平面轮廓由非圆曲线方程 $y = f(x)$ 表示时,需要将其按编程误差离散成多条微小直线段或圆弧段以逼近这条曲线。

(2) 正弦曲线

正弦曲线函数 $y = \sin x$ 是周期函数,正弦函数的图像关于原点中心对称,周期为 $2k\pi$ ($k \in Z, k \neq 0$),其中 2π 是它的最小正周期。正弦曲线函数 $y = \sin x$ 的最大值为 1,最小值为 -1,通过平移函数可改变其表达形式。本任务中,正弦曲线有两个周期,将该曲线分成 1 000 条线段,用直线段拟合该曲线,每段直线在 Z 轴方向的间距为 0.04 mm,相对应正弦曲线的角度增加为 $720°/1\,000$。根据公式,计算出曲线上每一段终点的 x 坐标值,$x = 42 + 3\sin a$。系统在运用角度编制宏程序的过程中,需要将角度制转化成弧度制,分别在角度后面乘以 $\pi/180$。

2. 编程加工实例

【**例 7-8**】　用宏程序编制图 7-14 所示的零件,其中抛物线方程为 $z = -x^2/2$。

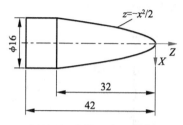

图 7-14 例 7-8 加工图样

解:抛物线数控车削加工的原理是用多条微小直线段近似拟合为曲线。将抛物线在 Z 轴方向进行等分,确定微小直线段,如图 7-15 所示。为了保证椭圆弧度的加工精度,抛物线在 Z 轴方向以 0.1 mm 的间隔等分。再利用 G01 直线插补指令完成直线段的加工,其中 G01 指令后的 Z 坐标参数可以直接写出,而 X 坐标参数需要利用抛物线方程间接计算得出。

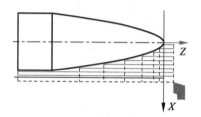

图 7-15 微小直线段的确定

本例要求采用先粗车后精车的顺序进行加工,因此需要合理安排刀具轨迹。粗车路径按矩形走刀轨迹进行,留精车余量0.5 mm,如图 7-16 所示。

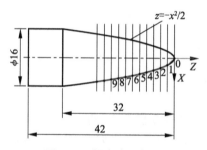

图 7-16 粗车走刀轨迹

精车轨迹:起点→轴线中心→点 0→点 1→点 2→⋯→点 9→曲线终点→轮廓终点→退刀→结束,如图 7-17 所示。

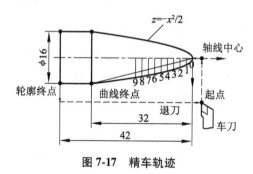

图 7-17 精车轨迹

用复合循环指令 G71 进行粗加工编程,采用 WHILE 循环语句进行精加工编程,参考的加工程序如下:

```
%0008
N10 T0101
N20 M03 S600
N30 G00 X24 Z2
N40 G71 U1 R1 P80 Q150 X0.5 Z0 F150
N50 S1000
N60 #1 =0
N70 #2 =0
N80 G00 X0
N90 WHILE #2 GE −32
N100 G01 X[#1 ∗ 2] Z[#2] F80
N110 #2 = #2 − 0.1
N120 #1 = SQRT[−2 ∗ #2]
N130 ENDW
N140 G01 Z−42 F80
N150U8
N160 G00 X50 Z100
N170 M05
N180 M30
```

【例 7-9】　用宏程序编制图 7-18 所示工件的加工程序,其中抛物线方程为 $z = -x^2/8$。

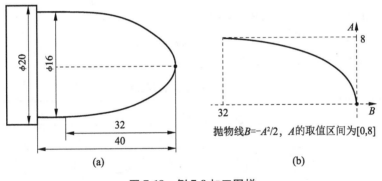

抛物线 $B=-A^2/2$,A 的取值区间为[0,8]

(a)　　　　　　　　　　　　(b)

图 7-18　例 7-9 加工图样

解:定义两个局部变量#10 和#11,分别表示 X 轴和 Z 轴方向的长度,工件加工的参考程序如下:

```
%0001
N1 T0101
N2 G00 X21 Z3
N3 M03 S600
```

N4 #10＝7.5

N5 WHILE #10 GE 0

N6 #11＝#10＊#10/2

N7 G90 G01 X[2＊#10+0.8] F200

N8 Z[−#11+0.05]

N9 U2

N10 Z3

N11 #10＝#10−0.6

N12 ENDW

N13 #10＝0

N14 WHILE #10 LE 8

N15 #11＝#10＊#10/2

N16 G90 G01 X[2＊#10] Z[−#11] F50

N17 #10＝#10+0.08

N18 ENDW

N19 G01 X16 Z−32

N20 −40

N21 G00 X20.5 Z3

N22 M05

N23 M30

7.2.4　任务实施

1．准备工作

① 工件:45 钢;毛坯尺寸:$\phi95$ mm×165 mm。

② 设备:CJK6140 数控车床、华中数控系统。

③ 加工中所需工具、量具、刀具清单见表 7-6。

表 7-6　工具、量具、刀具清单

序号	名称	规格	数量	备注
1	千分尺	25～50 mm	1	
2	游标卡尺	0～150 mm	1	
3	外圆粗、精车刀	93°	1	T01
4	外圆球形车刀	R2	1	T02
5	回转顶尖	60°	1	
6	固定顶尖	60°	1	
7	中心钻	B3.15/10	1	

2. 加工方案

组合曲线轴的加工方案如下：

① 三爪自定心卡盘夹持工件右端，先粗车工件左端轮廓，留精车余量 0.5 mm，再精车工件左端轮廓。

② 使工件调头，用一夹一顶方式装夹工件，先粗车工件右端轮廓，留精车余量 0.5 mm，再精车工件右端轮廓。需要注意的是，抛物线与正弦曲线分开加工。

3. 加工工艺卡

组合曲线轴数控加工工艺卡见表 7-7。

表 7-7 组合曲线轴数控加工工艺卡

工步号	工步内容		刀具	转速/ $(r \cdot min^{-1})$	进给速度/ $(mm \cdot min^{-1})$	背吃刀量/ mm	操作方式
1	装夹 1：三爪自定心卡盘夹持工件右端，伸出长度为 88 mm	光外圆，长度至 80 mm	T01	800	90	1	手动
2		车右端面	T01	800	100	0.5	手动
3		钻中心孔	B3.15/10	1 000			手动
4	装夹 2：工件调头，三爪自定心卡盘夹持左端工艺台阶	车端面，保证总长	T01	800	100	0.2	手动
5		粗车外圆（ϕ95 mm×30 mm→ϕ80.5 mm×30 mm）	T01	800	150	1.5	自动
6		精车外圆（ϕ80.5 mm×30 mm→ϕ80 mm×30 mm）	T01	1 200	80	0.5	自动
7	装夹 3：工件调头，三爪自定心卡盘夹持工件左端，工件右端安装顶尖	粗车外圆及抛物线	T01	800	120	1.1	自动
8		精车外圆及抛物线	T01	1 200	80	0.5	自动
9		粗车外圆及正弦曲线	T02	800	100	1.1	自动
10		精车外圆及正弦曲线	T02	1 200	80	0.5	自动

4. 加工程序

（1）加工 ϕ80 mm 圆柱端

ϕ80 mm 圆柱端的参考加工程序如下：

```
%0001
N10 G94
N20 T0101
N30 M03 S500
N40 G00 X95 Z2
N50 G71 U1.5 R1 P80 Q130 X0.5 Z0.1 F100
N60 M03 S1200
N70 G00 X85 Z2
N80 G00 X80
```

```
N90 G01 Z0 F90
N100 Z−30
N110 X88
N120 X90 Z−31
N130 X95
N140 G00 X100 Z100
N150 M05
N160 M30
```

（2）加工抛物线

抛物线的参考加工程序如下：

```
%0002
N10 G94
N20 T0101
N30 M03 S500
N40 G00 X95 Z2
N50 #50 =45
N60 WHILE #50 GE 1
N70 M98 P0623 L1
N80 #50 =#50−2
N90 ENDW
N100 G00 X100
N110 Z50
N120 M05
N130 M00
N140 M03 S1000 F60
N150 M98 P0623 L1
N160 G00 X100 Z50
N170 M05
N180 M30
%0623
N10 G00 X95 Z2
N20 #2 =20
N30 WHILE #2 LE 80
N40 #3 =SQRT［20＊#2］
N50 G01 X［［2＊#3］+#50］Z［−#2+20］
N60 #2 =#2+0.1
N70 ENDW
N80 G01 Z−68
```

N90 X88

N100 X90 Z-69

N110 G00 X100

N120 Z50

N130 M99

（3）加工正弦曲线

正弦曲线的参考加工程序如下：

%0003

N10 G94

N20 T0202

N30 M03 S500

N40 G00 X95 Z-68

N50 G71 U1.5 R1 P80 Q110 X0.5 Z0.1 F100

N60 M03 S1200

N70 G00 X95 Z-68

N80 G00 X88

N90 G01 X90 C1 F80

N100 Z-130

N110 X95

N120 G00 X100 Z100

N130 M05

N140 M00

N150 M03 S500 F100

N160 G00 X90 Z-76

N170 #50＝12

N180 WHILE #50 GE 1

N190 M98 P0625 L1

N200 #50＝#50-2

N210 ENDW

N220 G00 X100

N230 Z50

N240 M05

N250 M00

N260 M03 S1000 F60

N270 G00 X90 Z-76

N280 M98 P0625 L1

N290 G00 X100 Z100

N300 M05

```
N310 M30
%0625
N10 #2 =90
N20 #3 =-76
N30 WHILE［#2 * ［PI/180］］GE ［-630 * ［PI/180］］
N40 #4 =42+3 * SIN［#2 * ［PI/180］］
N50 G01 X［2 * ［#4］+#50］Z［#3］
N60 #2 =#2-0.72
N70 #3 =#3-0.04
N80 ENDW
N90 M99
```

5. 加工操作

组合曲线轴的加工操作步骤如下:

① 输入并校验程序;

② 装夹工件,其伸出长度为 88 mm,找正后并夹紧工件;

③ 安装刀具,注意刀尖应与工件中心等高,同时伸出长度应尽量短;

④ 手动状态下光外圆,车端面,并钻中心孔;

⑤ 使工件调头,车端面并保证总长;

⑥ 对刀,并粗、精车工件右端轮廓;

⑦ 使工件调头后,用一夹一顶装夹工件;

⑧ 对刀,并粗、精车工件左端轮廓;

⑨ 程序结束后,在手动模式下拆卸工件;

⑩ 测量、检验工件,其中抛物线、正弦曲线用曲线样板检验。

6. 加工误差分析

组合曲线轴在加工过程中会产生误差,正确分析误差产生原因,并寻找误差的预防与消除方法(见表 7-8)对提高零件的加工质量至关重要。

表 7-8　组合曲线轴加工误差分析

误差现象	产生原因	预防和消除方法
抛物线、正弦曲线圆度不准确	① 刀具补偿数据不准确; ② 程序错误	① 调整或重新设定刀具补偿数据; ② 检查、修改加工程序
正弦曲线表面过切	刀具半径补偿	换小圆弧刀片
正弦曲线两侧表面不对称	① 刀具磨损; ② 对刀误差	① 重新刃磨刀具或更换刀片; ② 重新对刀
加工抛物线、正弦曲线表面时出现振动现象,留有振纹	① 工件装夹不正确; ② 刀具安装不正确; ③ 切削参数不正确	① 检查工件的装夹,增加装夹刚度; ② 调整刀具的安装位置; ③ 提高或降低切削速度

7.2.5　任务评价

车削组合曲线轴的考核评分标准见表 7-9。

表 7-9　车削组合曲线轴的考核评分标准

序号	项目与权重	考核内容及要求	配分		评分标准
			IT	Ra	
1	工件加工（64%）	$\phi 90_{-0.035}^{0}$ mm, $Ra1.6\ \mu$m	8	3	不合格全扣
2		$\phi 80_{-0.030}^{0}$ mm（左边）, $Ra1.6\ \mu$m	8	3	不合格全扣
		$\phi 80_{-0.030}^{0}$ mm（右边）, $Ra1.6\ \mu$m	8	3	不合格全扣
5		⌒ 0.04（左端）, $Ra1.6\ \mu$m	8	3	不合格全扣
6		⌒ 0.04（右端）, $Ra1.6\ \mu$m	8	3	不合格全扣
7		未注公差	5		不合格全扣
8		倒角 C1	2		不合格全扣
9	程序与加工工艺（18%）	程序的正确性	5		错一处扣 2 分
10		加工步骤、路线、切削用量	5		错一处扣 2 分
11		刀具选择及安装	4		不正确全扣
12		装夹方式	4		不正确全扣
13	车床操作（10%）	对刀的正确性	3		不正确全扣
14		坐标系设定的正确性	3		不正确全扣
15		车床操作的正确性	4		错一处扣 2 分
16	文明生产（10%）	安全操作	4		出错全扣
17		车床维护与保养	3		不合格全扣
18		工作场所整理	3		不合格全扣
总配分			100		

 思考与练习

7-1　在华中数控系统中按号码划分,变量可分哪些类型?

7-2　分析下列程序中变量 #3 和 #4 的数值:

%1000

N10 #3 =30

N20 M98 P1010

N30 #4 =#3

```
N40 M30
%1010
N10 #4 =#3
N30 #3 =18
N40 M99
```

7-3 分析下列程序中变量#4 和#50 的数值：

```
%100
N10 #50 =30
N20 M98 P101
N30 #4 =#50
N40 M30
%101
N10 #4 =#50
N20 #50 =18
N30 M99
```

7-4 简述宏程序表达式中各种运算符的优先级。

7-5 使用 G54～G59 工件坐标系的注意事项有哪些？

7-6 椭圆轴在加工过程中常见的加工误差有哪些？应如何解决？

7-7 简述正弦曲线零件在加工中出现误差的原因。

7-8 简述椭圆宏程序编程的原理。

7-9 用宏程序编制图 7-19 所示零件的加工程序。

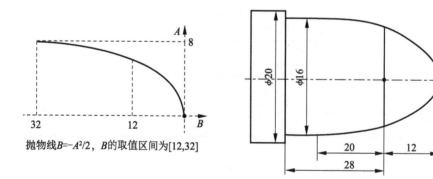

抛物线$B=-A^2/2$，B的取值区间为[12,32]

图 7-19 习题 7-9 零件图

7-10 用宏程序编制图 7-20 所示零件的加工程序。

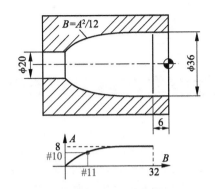

图 7-20 习题 7-10 零件图

7-11 用宏程序编制图 7-21 所示零件的加工程序。

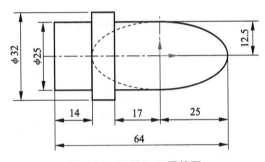

图 7-21 习题 7-11 零件图

第8章 数控车床编程综合实例

本书前 7 章介绍了数控车床编程的基本知识和车床的基本操作,在此基础上,本章主要以数控车工技能考核要求为目标,介绍几个典型的数控车床编程综合实例,以提升学生的职业综合能力。

8.1 中级数控车工操作技能考核综合实例 1

8.1.1 零件图

中级数控车工操作技能考核综合实例 1 的零件图如图 8-1 所示。

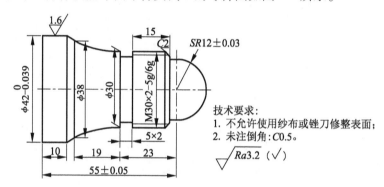

图 8-1 中级数控车工操作技能考核综合实例 1 的零件图

8.1.2 评分标准

中级数控车工操作技能考核综合实例 1 中零件加工的评分标准见表 8-1。

表 8-1　中级数控车工操作技能考核综合实例 1 中零件加工的评分标准

检测项目	技术要求	配分		评分标准	检测结果	得分
		IT	*Ra*			
外圆	$\phi 42_{-0.039}^{0}$ mm，*Ra*1.6 μm	8	4	超差 0.01 mm 扣 4 分，降级无分		
	$\phi 38$ mm 锥面，*Ra*1.6 μm	6	4	超差无分		
	$\phi 30$ mm	6	1	超差无分		
圆弧	*SR*（12±0.03）mm，*Ra*3.2 μm	8	4	超差无分		
	*R*47 mm，*Ra*3.2 μm	8	4	超差无分		
螺纹	M30×2-5g/6g 大径	5		超差无分		
	M30×2-5g/6g 中径	8		超差无分		
	M30×2-5g/6g 小径	8		超差无分		
	M30×2-5g/6g 牙型角	4		超差无分		
沟槽	5 mm×2 mm，*Ra*3.2 μm	4	4	超差无分		
长度	55 mm	3		超差无分		
	23 mm	3		超差无分		
	15 mm	2		超差无分		
	10 mm	2		超差无分		
倒角	*C*2	2		不符无分		
	未注倒角	2		不符无分		
其他	工件完整	工件必须完整（无缺陷）				
	程序编制	严重违反工艺规程的无分				
	加工时间	在规定时间内不提交的无分				
	安全操作规程	违反规程的扣 10 分/次				
总配分		100		总得分		

8.1.3　考核目标与内容

① 能够分析图形结构尺寸的位置精度等。
② 能够根据工件图的要求，合理地选择加工路线及切削用量。
③ 能够编制三角螺纹、成形面的加工程序。
④ 能够控制螺纹、成形面的尺寸精度及表面粗糙度。
⑤ 能够按照要求安全、正确地操作设备。
⑥ 能够掌握各种工具、量具的使用方法。

8.1.4 加工提示

1. 加工准备

中级数控车工操作技能考核综合实例 1 中零件的加工准备清单见表 8-2。

表 8-2 中级数控车工操作技能考核综合实例 1 中零件的加工准备清单

序号	名称	规格	数量	备注
1	游标卡尺	0~150 mm	1	
2	千分尺	0~25 mm	1	
3		25~50 mm	1	
4	螺纹千分尺	25~50 mm	1	
5	螺规	M30 mm× 2 mm	1	
6	半径规	$R15 \sim R25$ mm	1	
7	半径规	$R47$ mm	1	
8	刀具	45°端面车刀	1	
9		90°外圆车刀	2	粗车刀、精车刀各一把
10		60°螺纹车刀	1	
11		车槽刀	1	刀宽 5 mm
12	其他辅助	垫刀片	若干	
13		铜皮(厚 0.2 mm)	1	
14		其他辅助工具		
15	毛坯	45 钢, $\phi45$ mm×95 mm	1	
16	数控车床	CJK6140	1	
17	数控系统	FANUC-0i		

2. 加工方案

① 用三爪自定心卡盘装夹工件毛坯,其伸出长度约为 45 mm;

② 光外圆,工件调头;

③ 用三爪自定心卡盘装夹工件毛坯,其伸出长度约为 73 mm;

④ 装夹刀具,手动车端面及对刀;

⑤ 车削工件外轮廓至尺寸要求;

⑥ 车削槽至尺寸要求;

⑦ 粗车螺纹;

⑧ 检测工件的尺寸;

⑨ 精车螺纹至尺寸要求;

⑩ 手动切断工件,总长度保留 0.5 mm 余量;

⑪ 工件调头,装夹 $\phi42$ mm 外圆,找正并夹紧工件;

⑫ 手动加工工件至总长度尺寸要求。

8.1.5　参考程序

中级数控车工操作技能考核综合实例 1 中零件的参考加工程序如下:

```
%0001
N10 G94
N20 T0101
N30 M03 S700
N40 G00 X47 Z2
N50 G71 U1.5 R1 P80 Q180 X0.5 Z0.1 F100
N60 G00 X80 Z100 F1200
N70 G00 X0 Z2 T0202
N80 G01 Z0 F80
N90 G03 X24 Z-12 R12
N100 G01 Z-15
N110 X25.8
N120 X29.8 Z-17
N130 Z-35
N140 X30
N150 G02 X38 Z-54 R47
N160 G01 X42 Z-57
N170 Z-72
N180 X45
N190 G00 X80 Z100 M05
N200 M00
N210 T0303
N220 M03 S500
N230 G00 X40 Z-35
N240 G01 X26 F40
N250 X32
N260 Z-34
N270 X26
N280 Z-35
N290 X32
N300 G00 X80 Z100 M05
N310 M00
N320 T0404
```

N330 M03 S500
N340 G00 X40 Z0
N350 G82 X29 Z−32 F2
N360 X28.3 Z−32.5 F2
N370 X27.8 Z−32.5 F2
N380 X27.52 Z−32.5 F2
N390 X27.52 Z−32.5 F2
N400 G00 X80 Z100 M05
N410 M30

8.2 中级数控车工操作技能考核综合实例2

8.2.1 零件图

中级数控车工操作技能考核综合实例2的零件图如图8-2所示。

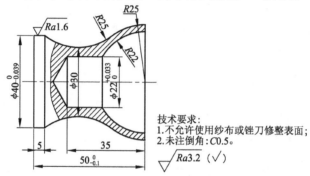

图8-2 中级数控车工操作技能考核综合实例2的零件图

8.2.2 评分标准

中级数控车工操作技能考核综合实例2中零件加工的评分标准见表8-3。

表8-3 中级数控车工操作技能考核综合实例2中零件加工的评分标准

检测项目	技术要求	配分		评分标准	检测结果	得分
		IT	Ra			
外圆	$\phi 40_{-0.039}^{0}$ mm,$Ra1.6$ μm	10	5	超差、降级无分		
内孔	$\phi 22_{0}^{+0.033}$ mm,$Ra1.6$ μm	10	5	超差、降级无分		
圆弧	$R25$ mm,$Ra1.6$ μm	10	5	超差、降级无分		
	$R25$ mm,$Ra1.6$ μm	10	5	超差、降级无分		
	$R25$ mm,$Ra1.6$ μm	10	5	超差、降级无分		

续表

检测项目	技术要求	配分		评分标准	检测结果	得分
		IT	Ra			
长度	$50_{-0.1}^{0}$ mm	10		超差无分		
	5 mm	3		超差无分		
	35 mm	3		超差无分		
圆弧连接		9		有明显接痕的不得分		
其他	工件完整	工件必须完整(无缺陷)				
	程序编制	严重违反工艺规程的无分				
	加工时间	在规定时间内不提交的无分				
	安全操作规程	违反规程的扣 10 分/次				
总配分		100		总得分		

8.2.3　考核目标与内容

① 能正确编制内圆弧的加工程序,合理控制内孔尺寸的精度;
② 能使内、外圆弧的尺寸精度与表面粗糙度满足要求;
③ 能够熟练掌握内孔的加工工艺;
④ 能够合理选择内孔加工中的切削用量;
⑤ 能够熟练按照操作章程操作设备。

8.2.4　加工提示

1. 加工准备

中级数控车工操作技能考核综合实例 2 中零件的加工准备清单见表 8-4。

表 8-4　中级数控车工操作技能考核综合实例 2 中零件的加工准备清单

序号	名称	规格	数量	备注
1	游标卡尺	0~150 mm	1	
2	内径千分尺	0~25 mm	1	
3	千分尺	25~50 mm	1	
4	半径规	R47 mm	1	
5	刀具	45°端面车刀	1	
6		93°外圆车刀	1	安装时注意角度
7		粗、精镗刀	各 1	
8		中心钻 B3	1	
9		ϕ20 mm 麻花钻	1	
10		车槽刀	1	刀宽 4~5 mm

序号	名称	规格	数量	备注
11		垫刀片	若干	
12	其他辅助	铜皮（厚 0.2 mm）	1	
13		其他辅助工具		
14	毛坯	45 钢，ϕ45 mm×95 mm	1	
15	数控车床	CJK6140	1	
16	数控系统	FANUC-0i		

2. 加工方案

① 用三爪自定心卡盘装夹工件毛坯，其伸出长度约为 45 mm；

② 光外圆，工件调头；

③ 用三爪自定心卡盘装夹工件毛坯，其伸出长度约为 70 mm；

④ 装夹刀具，手动车端面；

⑤ 手动钻中心孔及 ϕ20 mm 的底孔，深度约为 40 mm；

⑥ 对刀；

⑦ 粗车工件外轮廓；

⑧ 精车工件外轮廓至尺寸要求；

⑨ 粗车工件内轮廓；

⑩ 精车工件内轮廓至尺寸要求；

⑪ 切断工件，手动车至总长度尺寸要求。

8.2.5 参考程序

中级数控车工操作技能考核综合实例 2 中零件的参考加工程序如下：

```
%0001
N10 G94
N20 T0101
N30 M03 S700
N40 G00 X54 Z2
N50 G71 U1.5 R1 P80 Q130 E0.5 F100
N60 M05
N70 M03 S1200
N80 G00 X50 Z2
N90 G01 Z0 F60
N100 G03 X41.2 Z-15 R25
N110 G02 X40 Z-45 R25
N120 G01 Z-60
```

N130 X45

N140 G00 X80 Z100 M05

N150 M00

N160 T0303

N170 M03 S500

N180 G00 X20 Z3

N190 G71 U1.5 R1 P220 Q270 X−0.5 Z0.1 F80

N200 G00 X80 Z100

N210 T0505

N220 S800

N230 G00 X44 Z3

N240 G01 Z0 F60

N250 G03 X22 Z−19.1 R22

N260 G01 Z−35

N270 G01 X20

N280 G00 Z80

N290 G00 X80 Z100 M05

N300 M00

N310 T0404 M03 S500

N320 G00 X52 Z−54

N330 G01 X0 F60

N340 W2

N350 G00 X80 Z100

N360 M05

N370 M30

8.3 中级数控车工操作技能考核综合实例 3

8.3.1 零件图

中级数控车工操作技能考核综合实例 3 的零件图如图 8-3 所示。

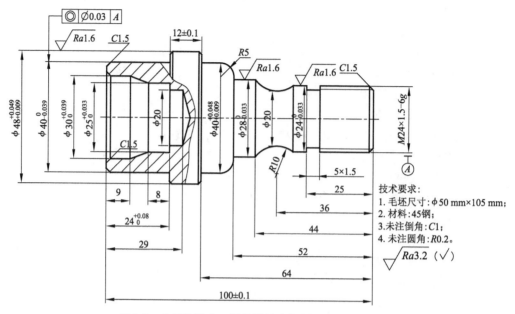

图 8-3　中级数控车工操作技能考核综合实例 3 零件图

8.3.2　评分标准

中级数控车工技能考核实例 3 中零件加工的评分标准见表 8-5。

表 8-5　中级数控车工技能考核实例 3 中零件加工的评分标准

检测项目	技术要求	配分		评分标准	检测结果	得分
		IT	Ra			
外圆与内孔	$\phi48^{+0.048}_{+0.009}$ mm,$Ra1.6$μm	4	1	超差 0.01 mm 扣 2 分,降级扣 1 分		
	$\phi40^{0}_{-0.039}$ mm,$Ra1.6$ μm	4	1	超差 0.01 mm 扣 2 分,降级无分		
	$\phi40^{-0.048}_{-0.009}$ mm,$Ra1.6$ μm	4	1	超差 0.01 mm 扣 3 分,降级扣 1 分		
	$\phi28^{0}_{-0.033}$ mm,$Ra1.6$ μm	4	1	超差 0.01 mm 扣 2 分,降级扣 1 分		
	$\phi24^{0}_{-0.033}$ mm,$Ra1.6$ μm	4	1	超差 0.01 mm 扣 2 分,降级扣 1 分		
	$\phi30$ mm(内孔),$Ra1.6$ μm	4	2	超差 0.01 mm 扣 2 分,降级扣 1 分		
	$\phi25$ mm(内孔),$Ra1.6$ μm	4	2	超差 0.01 mm 扣 3 分,降级扣 1 分		
圆弧	$R10$ mm,$Ra3.2$ μm	2	1	超差无分,降级无分		
	$R5$ mm,$Ra3.2$ μm	2	1	超差无分,降级无分		
螺纹	螺纹大径 $Ra3.2$ μm	1	1	超差无分,降级无分		
	螺纹中径 $Ra3.2$ μm	4	2	超差 0.02 mm 扣 2 分,降级无分		
	螺纹牙型角	1		超差无分		
	螺纹底径	1		超差无分		

检测项目	技术要求	配分		评分标准	检测结果	得分
		IT	Ra			
其他	长度(100±0.10)mm	1		超差无分		
	长度 25 mm	1		超差无分,降级无分		
	长度(24±0.05)mm（内孔）	2		超差无分,降级无分		
	退刀槽 Ra3.2 μm	2		超差无分,降级无分		
	倒角去毛刺	1		不符合要求无分		
	零件编程	40		严重违反工艺规程的取消考试资格,其他酌情扣分		
安全规程	正确使用劳动保护用品			不符合要求,总分扣 5 分		
	安全操作规程			违反安全操作规程,扣 5 分/次		
总配分		100		总得分		

8.3.3　考核目标与内容

① 能正确编制带有凹圆弧外轮廓的加工程序;
② 能正确编制普通三角螺纹的加工程序,保证螺纹表面的质量和精度;
③ 保证外圆弧的尺寸精度与表面粗糙度要求;
④ 能够熟练掌握内孔加工工艺;
⑤ 能够合理选择内孔加工中的切削用量;
⑥ 能够熟练按照操作章程操作设备。

8.3.4　加工提示

1. 加工准备
中级数控车工操作技能考核综合实例 3 中零件的加工准备清单见表 8-6。

表 8-6　中级数控车工操作技能考核综合实例 3 中零件的加工准备清单

序号	名称	规格	数量	备注
1	千分尺	0~25 mm	1	
2	千分尺	25~50 mm	1	
3	游标卡尺	0~150 mm	1	
4	螺纹千分尺	0~25 mm	1	
5	内径表	18~35 mm	1	

序号	名称	规格	数量	备注
6	刀具	端面车刀	1	T01
7		外圆车刀	1	副偏角大于30°,T02
8		螺纹车刀	1	刀尖角60°,T04
9		切槽车刀	1	宽4 mm,T03
10		镗孔车刀	1	孔径ϕ18 mm,T05
11		钻头	1	ϕ20 mm
12	其他辅具	垫刀片	若干	
		油石	若干	
13		铜皮	若干	厚0.2 mm
14		其他车工常用辅具		
15	材料	45钢,ϕ50 mm× 103 mm	1	
16	数控车床	CJK6140	1	
17	数控系统	FANUC-0i	1	

2. 加工方案

（1）零件左端加工步骤

① 装夹零件毛坯,伸出的孔长度为50 mm;

② 钻尺寸为ϕ20 mm×29 mm的孔;

③ 车端面;

④ 加工零件左端轮廓至尺寸要求;

⑤ 粗加工内孔;

⑥ 精加工内孔至尺寸要求;

⑦ 回参考点,程序结束。

（2）零件右端面加工步骤

① 装夹ϕ40 mm外圆;

② 车端面保证零件总长尺寸;

③ 粗加工零件右端轮廓;

④ 精加工零件右端轮廓至尺寸要求;

⑤ 切槽(5 mm×1.5 mm)至尺寸要求;

⑥ 粗、精加工螺纹至尺寸要求;

⑦ 回换刀点,程序结束;

⑧ 拆卸零件,测量并检测零件。

8.3.5　参考程序

中级数控车工操作技能考核综合实例 3 中零件左端的参考加工程序如下：

```
O0001
N05 T0101 M03 S600 G0 X100 Z100
N10 G0 X52 Z0
N15 G1 X−1 F0.2
N20 G0 X100 Z100
N25 T0505
N30 G0 X19 Z2
N35 G71 U1 R1
N40 G71 P45 Q80 U−0.5 W0.1 F0.3
N45 G0 X32
N50 G1 Z0 F0.1
N55 X30 Z−1
N60 Z−9
N65 X26 Z−16
N70 Z−24
N75 X20
N80 Z−29
N85 G0 X100 Z100
N90 M05
N95 M00
N100 M03 S1000 T0505
N105 G0 X19 Z2
N110 G70 P45 Q80
N115 G0 X100 Z100
N120 M05
N125 M00
N130 M03 S600 T0202
N135 G0 X52 Z2
N140 G71 U1 R1
N145 G71 P150 Q180 U0.5 W0.1 F0.3
N150 G0 X37
N155 G1 Z0 F0.1
N160 X40 Z−1.5
N165 Z−24
N170 X46
```

N175 X48 Z-25

N180 Z-40

N185 G0 X100 Z100

N190 M05

N195 M00

N200 M03 S1000 T0202

N205 G0 X52 Z2

N210 G70 P150 Q180

N215 G0 X100 Z100

N220 M05

N225 M30

中级数控车工操作技能考核综合实例 3 中零件右端的参考加工程序如下：

O0002

N05 T0101 M03 S600 G0 X100 Z100

N10 G0 X52 Z0

N15 G1 X-1 F0.2

N20 G0 X100 Z100

N25 T0202

N30 G0 X52 Z2

N35 G73 U10 R15

N40 G73 P45 Q110 U0.5 W0.1 F0.3

N45 G0 X21

N50 G1 Z0 F0.1

N55 X23.8 Z-1.5

N60 Z-25

N65 X24

N70 Z-30

N75 G2 X28 Z-44 R10

N80 G1 Z-52

N85 X30

N90 G3 X40 Z-57 R5

N95 G1 Z-64

N100 X46

N105 X48 Z-65

N110 G0 U5

N115 X100 Z100

N120 T0303 S400

N125 G0 X25 Z-25

N130 G1 X21 F0.15

N135 G0 X25

N140 Z-24

N145 G1 X21 F0.15

N150 Z-25

N155 G0 X100

N160 Z100

N165 M05

N170 M00

N175 M03 S1000 T0202

N180 G0 X52 Z2

N185 G70 P45 Q110

N190 G0 X100 Z100

N195 T0404 S700

N200 G0 X26 Z2

N205 G92 X23 Z-22 F1.5

N210 X22.725

N215 X22.425

N220 X22.125

N225 G0 X100 Z100

N230 M05

N235 M30

 ## 8.4　高级数控车工操作技能考核综合实例 1

8.4.1　零件图

高级数控车工操作技能考核综合实例 1 的零件图如图 8-4 所示。

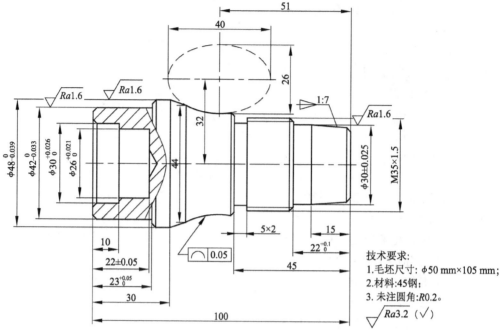

图 8-4 高级数控车工操作技能考核综合实例 1 零件图

8.4.2 评分标准

高级数控车工操作技能考核综合实例 1 中零件加工的评分标准见表 8-7。

表 8-7 高级数控车工操作技能考核综合实例 1 中零件加工的评分标准

检测项目		技术要求	配分		评分标准	检测结果	得分
			IT	Ra			
外圆与内孔	1	$\phi48_{-0.039}^{0}$ mm,$Ra1.6$ μm	5	2	超差 0.01 mm 扣 3 分,降级扣 1 分		
	2	$\phi42_{-0.033}^{0}$ mm,$Ra1.6$ μm	4	2	超差 0.01 mm 扣 2 分,降级扣 2 分		
	3	$\phi30_{-0.025}^{+0.025}$ mm,$Ra1.6$ μm	4	2	超差 0.01 mm 扣 3 分,降级扣 1 分		
	4	$\phi30$ mm(内孔),$Ra1.6$ μm	4	2	超差 0.01 mm 扣 2 分,降级扣 1 分		
	5	$\phi26$ mm(内孔),$Ra1.6$ μm	4	2	超差 0.01 mm 扣 3 分,降级扣 1 分		
圆弧	6	$R2$ mm,$Ra3.2$ μm	2	2	超差无分,降级无分		
	7	⌒ 0.05,$Ra3.2$ μm	2	1	超差无分,降级无分		
	8	▷1:7	2	1	超差无分,降级无分		
螺纹	9	螺纹大径 $Ra3.2$ μm	1		超差无分,降级无分		
	10	螺纹中径 $Ra3.2$ μm	4	2	超差 0.02 mm 扣 2 分,降级无分		
	11	螺纹牙型角	1		超差无分		
	12	螺纹底径	1		超差无分		

续表

检测项目		技术要求	配分		评分标准	检测结果	得分
			IT	Ra			
其他	13	长度为(100±0.10)mm	2		超差无分		
	14	长度为(23±0.05)mm	1		超差无分,降级无分		
	15	长度为(22±0.05)mm(内孔)	2		超差无分,降级无分		
	16	退刀槽 Ra3.2 μm	2		超差无分,降级无分		
	17	倒角去毛刺	2		不符无分		
	18	零件编程	40		严重违反工艺规程的取消考试资格,其他酌情扣分		
安全规程	19	劳动保护用品正确使用			不符,总分扣5分		
	20	安全操作规程			违反,扣5分/次		
总配分			100		总得分		

加工开始:__时__分	停工工时:	计划加工时间:120 min	规格:φ50 mm×102 mm 材料:45 钢	日期:__年__月__日
加工结束:__时__分	停工原因:	实际加工时间:	鉴定单位:	
监考:	检测:	评分:	审核:	

8.4.3 考核目标与内容

① 能正确编制带有凹圆弧外轮廓的加工程序;
② 能正确编制普通三角螺纹的加工程序,保证螺纹表面的质量和精度;
③ 能使外圆弧的尺寸精度与表面粗糙度满足要求;
④ 能够熟练掌握内孔加工工艺;
⑤ 能够合理选择内孔加工中的切削用量;
⑥ 能够熟练按照操作章程操作设备;
⑦ 能根据零件图的要求编制加工程序;
⑧ 熟悉非圆曲线的参数方程;
⑨ 掌握数控车削非圆曲线成形面加工的基本方法;
⑩ 提升综合应用的能力。

8.4.4 加工提示

1. 加工准备
高级数控车工操作技能考核综合实例 1 中零件的加工准备清单见表 8-8。

表 8-8　高级数控车工操作技能考核综合实例 1 中零件的加工准备清单

序号	名称	规格	数量	备注
1	千分尺	25～50 mm	1	
2	游标卡尺	0～150 mm	1	
3	螺纹千分尺	25～50 mm	1	
4	内径表	18～35 mm	1	
5	刀具	端面车刀	1	T01
6		外圆车刀	2	副偏角大于 30°,T02
7		螺纹车刀	1	刀尖角 60°,T04
8		切槽车刀	1	宽 4 mm,T03
9		镗孔车刀	1	孔径 ϕ18 mm,T05
10		钻头	1	ϕ20 mm
11	其他辅具	若干垫刀片、油石等		
12		铜皮(厚 0.2 mm,宽 25 mm×长 60 mm)		
13		其他车工常用辅具		
14	材料	45 钢,ϕ50 mm×103 mm		
15	数控车床	CJK6140		
16	数控系统	FANUC-0i		

2. 加工方案

加工该零件时一般先加工左端,然后调头加工右端。加工零件左端时,编程零点设置在零件左端面的轴心线上;加工零件右端时,编程零点设置在零件右端面的轴心线上。

(1)零件左端的加工步骤

① 装夹零件毛坯,伸出卡盘的长度为 50 mm;

② 钻孔(ϕ20 mm×25 mm);

③ 车端面;

④ 粗、精加工零件左端轮廓至尺寸要求;

⑤ 粗加工内孔;

⑥ 精加工内孔至尺寸要求;

⑦ 回参考点,加工结束。

(2)零件右端的加工步骤

① 装夹 ϕ42 mm 外圆;

② 车端面,保证零件总长;

③ 粗加工零件右端轮廓;

④ 精加工零件右端轮廓至尺寸要求;

⑤ 切槽(5 mm×2 mm)至尺寸要求;

⑥ 粗、精加工螺纹至尺寸要求；

⑦ 回换刀点,加工结束。

8.4.5 参考程序

高级数控车工操作技能考核综合实例 1 中零件左端的参考加工程序如下:

```
O0001
N05 T0101 M03 S600 G0 X100 Z100
N10 G0 X52 Z0
N15 G1 X−1 F0.2
N20 G0 X100 Z100
N25 T0505
N30 G0 X19 Z2
N35 G71 U1 R1
N40 G71 P45 Q70 U−0.5 W0.1 F0.3
N45 G0 X34
N50 G1 Z0 F0.1
N55 G2 X34 Z−2 R2
N60 G1 Z−10
N65 X26
N70 Z−22
N85 G0 X100 Z100
N90 M05
N95 M00
N100 M03 S1000 T0505
N105 G0 X19 Z2
N110 G70 P45 Q70
N115 G0 X100 Z100
N120 M05
N125 M00
N130 M03 S600 T0202
N135 G0 X52 Z2
N140 G71 U1 R1
N145 G71 P150 Q180 U0.5 W0.1 F0.3
N150 G0 X40
N155 G1 Z0 F0.1
N160 X42 Z−1
N165 Z−23
N170 X46
```

N175 X48 Z-24

N180 Z-35

N185 G0 X100 Z100

N190 M05

N195 M00

N200 M03 S1000 T0202

N205 G0 X52 Z2

N210 G70 P150 Q180

N215 G0 X100 Z100

N220 M05

N225 M30

高级数控车工操作技能考核综合实例 1 中零件右端的参考加工程序如下：

O0002

N05 T0101 M03 S600 G0 X100 Z100

N10 G0 X52 Z0

N15 G1 X-1 F0.2

N20 G0 X100 Z100

N25 T0202

N30 G0 X52 Z2

N35 G73 U10 R15

N40 G73 P45 Q145 U0.5 W0.1 F0.3

N45 G0 X26

N50 G1 Z0 F0.1

N55 X28 Z-1

N60 X30 Z-15

N65 Z-22

N70 X32

N75 X34.8 Z-23.5

N80 Z-45

N85 X36.826

N90 X38.826 Z-46

N95 G65 H01 P#101 Q-75522

N100 G65 H31 P#102 Q26000 R#101

N105 G65 H32 P#103 Q20000 R#101

N110 G65 H02 P#104 Q#102 R64000

N115 G65 H03 P#105 Q#103 R51000

N120 G65 H02 P#101 Q#101 R-1000

N125 G1 X#104 Q#105 F0.1

N130 G65 H85 P100 Q#105 R-63779

N135 G1 X48 Z-70

N140 G0 U10

N145 X100 Z100

N150 T0303 S400

N155 G0 X40 Z-45

N160 G1 X32 F0.15

N165 G0 X40

N170 Z-45

N175 G1 X32 F0.15

N180 Z-45

N185 G0 X100

N190Z100

N195 M05

N200 M00

N205 M03 S1000 T0202

N210 G0 X52 Z2

N215 G70 P45 Q145

N220 G0 X100 Z100

N225 T0404 S700

N230 G0 X40 Z-20

N235 G92 X34 Z-43 F1.5

N240 X33.5

N245 X33.3

N250 X33.125

N255 G0 X100 Z100

N260 M05

N265 M30

 ## 8.5　高级数控车工操作技能考核综合实例 2

8.5.1　零件图

高级数控车工操作技能考核综合实例 2 的零件图如图 8-5 所示。

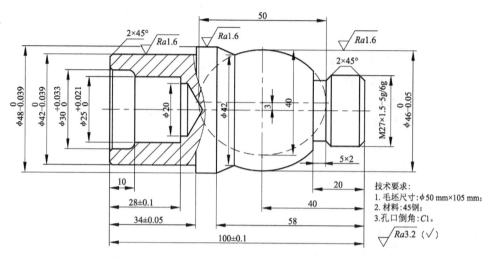

图 8-5　高级数控车工操作技能考核综合实例 2 零件图

8.5.2　评分标准

高级数控车工操作技能考核综合实例 2 中零件加工的评分标准见表 8-9。

表 8-9　高级数控车工操作技能考核综合实例 2 中零件加工的评分标准

检测项目		技术要求	配分		评分标准	检测结果	得分
			IT	Ra			
外圆与内孔	1	$\phi48_{-0.039}^{0}$ mm，$Ra1.6$ μm	5	2	超差 0.01 mm 扣 3 分，降级扣 1 分		
	2	$\phi42_{-0.039}^{0}$ mm，$Ra1.6$ μm	5	2	超差 0.01 mm 扣 2 分，降级扣 2 分		
	3	$\phi46_{-0.05}^{0}$ mm，$Ra1.6$ μm	4	2	超差 0.01 mm 扣 3 分，降级扣 1 分		
	4	$\phi30$ mm（内孔），$Ra1.6$ μm	4	2	超差 0.01 mm 扣 2 分，降级扣 1 分		
	5	$\phi25$ mm（内孔），$Ra1.6$ μm	5	2	超差 0.01 mm 扣 3 分，降级扣 1 分		
圆弧	6	$R2$ mm，$Ra3.2$ μm	2	2	超差无分，降级无分		
	7	⌒ 0.05	4		超差无分，降级无分		
螺纹	10	螺纹大径 $Ra3.2$ μm	2	1	超差无分，降级无分		
	11	螺纹中径 $Ra3.2$ μm	5	2	超差 0.02 mm 扣 2 分，降级无分		
	12	螺纹牙型角	1		超差无分		
	13	螺纹底径	1		超差无分		
其他	14	长度为（100±0.10）mm	2		超差无分		
	15	长度为（34±0.05）mm	1		超差无分，降级无分		
	16	长度为（28±0.10）mm（内孔）	2		超差无分，降级无分		
	17	退刀槽 $Ra3.2$	2		超差无分，降级无分		
	18	零件编程	40		严重违反工艺规程的取消考试资格，其他酌情扣分		

续表

检测项目		技术要求	配分		评分标准	检测结果	得分
			IT	Ra			
安全规程	18	正确使用劳动保护用品			不符,总分扣 5 分		
	19	安全操作规程			违反,扣 5 分/次		
总配分			100		总得分		
加工开始: __时__分		停工工时:	计划加工时间: 120 min		规格:φ50 mm×103 mm 材料:45 钢	日期: __年__月__日	
加工结束: __时__分		停工原因:	实际加工时间:		鉴定单位:		
监考:		检测:	评分:		审核:		

8.5.3　考核目标与内容

① 能正确编制带有凹圆弧外轮廓的加工程序;

② 能正确编制普通三角螺纹的加工程序,保证螺纹表面的质量和精度;

③ 能使外圆弧的尺寸精度与表面粗糙度满足要求;

④ 掌握数控车削非圆曲线成形面的编程与加工的基本方法;

⑤ 熟悉非圆曲线的参数方程;

⑥ 提升综合应用的能力;

⑦ 能根据零件图的要求合理编制加工程序;

⑧ 能够熟练掌握内孔的加工工艺;

⑨ 能够合理选择内孔加工中的切削用量;

⑩ 能够熟练按照操作章程操作设备。

8.5.4　加工提示

1. 加工准备

高级数控车工操作技能考核综合实例 2 中零件的加工准备清单见表 8-10。

表 8-10　高级数控车工操作技能考核综合实例 2 中零件的加工准备清单

序号	名称	规格	数量	备注
1	千分尺	25~50 mm	1	
2	游标卡尺	0~150 mm	1	
3	螺纹千分尺	25~50 mm	1	
4	内径表	18~35 mm	1	

序号	名称	规格	数量	备注
5	刀具	端面车刀	1	T01
6		外圆车刀	2	副偏角大于 30°，T02
7		螺纹车刀	1	刀尖角 60°，T04
8		切槽车刀	1	宽 4 mm，T03
9		镗孔车刀	1	孔径 ϕ18 mm，T05
10		钻头	1	ϕ20 mm
11	其他辅具	若干垫刀片、油石等		
12		铜皮（厚 0.2 mm，宽 25 mm×长 60 mm）		
13		其他车工常用辅具		
14	材料	45 钢，ϕ50 mm×103 mm		
15	数控车床	CJK6140		
16	数控系统	FANUC-0i		

2. 加工方案

在加工该零件时，一般先加工左端，然后调头再加工右端。加工零件左端时，编程零点设置在零件左端面的轴心线上；加工零件右端时，编程零点设置在零件右端面的轴心线上。

（1）零件左端的加工步骤

① 装夹零件毛坯，伸出卡盘长度为 50 mm；

② 钻孔（ϕ20 mm×30 mm）；

③ 车端面；

④ 加工零件左端轮廓至尺寸要求；

⑤ 粗加工内孔；

⑥ 精加工内孔至尺寸要求；

⑦ 回参考点，加工结束。

（2）零件右端的加工步骤

① 装夹 ϕ42 mm 外圆；

② 车端面保证零件总长；

③ 粗加工零件右端轮廓；

④ 精加工零件右端轮廓至尺寸要求；

⑤ 切槽（5 mm×2 mm）至尺寸要求；

⑥ 粗、精加工螺纹至尺寸要求；

⑦ 回换刀点，加工结束。

8.5.5 参考程序

高级数控车工操作技能考核综合实例 2 中零件左端的参考加工程序如下：

```
O0001
N05 T0101 M03 S600 G0 X100 Z100
N10 G0 X52 Z0
N15 G1 X−1 F0.2
N20 G0 X100 Z100
N25 T0505
N30 G0 X19 Z2
N35 G71 U1 R1
N40 G71 P45 Q70 U−0.5 W0.1 F0.3
N45 G0 X34
N50 G1 Z0 F0.1
N55 G1 X34 Z−2
N60 Z−10
N65 X25
N70 Z−28
N85 G0 X100 Z100
N90 M05
N95 M00
N100 M03 S1000 T0505
N105 G0 X19 Z2
N110 G70 P45 Q70
N115 G0 X100 Z100
N120 M05
N125 M00
N130 M03 S600 T0202
N135 G0 X52 Z2
N140 G71 U1 R1
N145 G71 P150 Q180 U0.5 W0.1 F0.3
N150 G0 X38
N155 G1 Z0 F0.1
N160 X42 Z−2
N165 Z−34
N170 X48
N180 Z−45
N185 G0 X100 Z100
```

N190 M05

N195 M00

N200 M03 S1000 T0202

N205 G0 X52 Z2

N210 G70 P150 Q180

N215 G0 X100 Z100

N220 M05

N225 M30

高级数控车工操作技能考核综合实例 2 中零件右端的参考加工程序如下：

O0002

N05 T0101 M03 S600 G0 X100 Z100

N10 G0 X52 Z0

N15 G1 X−1 F0.2

N20 G0 X100 Z100

N25 T0202

N30 G0 X52 Z2

N35 G73 U10 R15

N40 G73 P45 Q125 U0.5 W0.1 F0.3

N45 G0 X24

N50 G1 Z0 F0.1

N55 X26.8 Z−1.5

N60 Z−20

N65 G65 H01 P#101 Q36870

N70 G65 H31 P#102 Q40000 R#101

N75 G65 H32 P#103 Q25000 R#101

N80 G65 H02 P#104 Q#102 R6000

N85 G65 H03 P#105 Q#103 R40000

N90 G65 H02 P#101 Q#101 R1000

N95 G1 X#104 Q#105 F0.1

N100 G65 H85 P100 Q#105 R−50900

N105 G1 X48 Z−58

N120 G0 U10

N125 X100 Z100

N130 T0303 S400

N135 G0 X33 Z−20

N140 G1 X24 F0.15

N145 G0 X33

N150 Z−19

N155 G1 X24 F0.15

N160 Z−20

N165 G0 X100

N170 Z100

N175 M05

N180 M00

N185 M03 S1000 T0202

N190 G0 X52 Z2

N195 G70 P45 Q125

N200 G0 X100 Z100

N205 T0404 S700

N210 G0 X30 Z5

N215 G92 X26 Z−18 F1.5

N220 X25.5

N225 X25.3

N230 X25.125

N235 G0 X100 Z100

N240 M05

N245 M30

8.6　高级数控车工操作技能考核综合实例 3

8.6.1　零件图

高级数控车工技能考核综合实例 3 的零件图如图 8-6 所示。

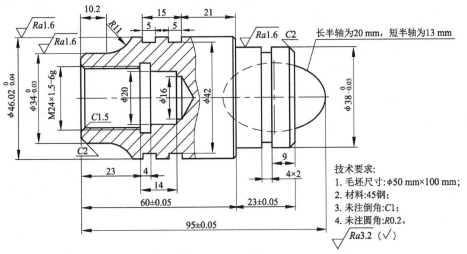

图 8-6　高级数控车工操作技能考核综合实例 3 零件图

8.6.2 评分标准

高级数控车工操作技能考核综合实例 3 中零件加工的评分标准见表 8-11。

表 8-11 高级数控车工技能考核综合实例 3 中零件加工的评分标准

检测项目		技术要求	配分		评分标准	检测结果	得分
			IT	Ra			
外圆与内孔	1	$\phi 46_{-0.04}^{0}$ mm, Ra1.6 μm	5	2	超差 0.01 mm 扣 3 分,降级扣 1 分		
	2	$\phi 34_{-0.03}^{0}$ mm, Ra1.6 μm	4	2	超差 0.01 mm 扣 2 分,降级扣 2 分		
	3	$\phi 38_{-0.03}^{0}$ mm, Ra1.6 μm	4	2	超差 0.01 mm 扣 3 分,降级扣 1 分		
	4	$\phi 20$ mm(内孔), Ra1.6 μm	4	2	超差 0.01 mm 扣 2 分,降级扣 1 分		
椭圆	5	轮廓 Ra3.2 μm	2	2	超差无分		
圆弧	6	R11 mm, Ra3.2 μm	2		超差无分		
螺纹	7	内螺纹大径 Ra3.2 μm	1	1	超差无分,降级无分		
	8	内螺纹中径 Ra3.2 μm	4	2	超差 0.02 mm 扣 2 分,降级无分		
	9	螺纹牙型角	1		超差无分		
	10	螺纹底径	1		超差无分		
其他	11	长度为(95±0.05)mm	2		超差无分		
	12	长度为(23±0.05)mm	2		超差无分,降级无分		
	13	长度为(60±0.05)mm	2		超差无分,降级无分		
	14	长度为 23 mm(内孔)	2		超差无分,降级无分		
	15	沟槽 4 mm×2 mm, Ra3.2 μm	2		超差无分,降级无分		
	16	沟槽 5 mm×2 mm, Ra3.2 μm	2	2	超差无分,降级无分		
	17	内沟槽 4 mm×2 mm, Ra3.2 μm	2		超差无分,降级无分		
	18	倒角去毛刺	3		不符无分		
	19	零件编程	40		严重违反工艺规程的取消考试资格,其他酌情扣分		
安全规程	20	正确使用劳动保护用品			不符,总分扣 5 分		
	21	安全操作规程			违反,扣 5 分/次		
总配分			100		总得分		
加工开始:__时__分		停工工时:	计划加工时间:120 min		规格:φ50 mm×100 mm 材料:45 钢	日期:__年__月__日	
加工结束:__时__分		停工原因:	实际加工时间:		鉴定单位:		
监考:		检测:	评分:		审核:		

8.6.3　考核目标与内容

① 能正确编制带有凹圆弧外轮廓的加工程序；
② 能正确编制普通三角螺纹的加工程序，并保证螺纹表面的质量和精度；
③ 能使外圆弧的尺寸精度与表面粗糙度满足要求；
④ 掌握数控车削非圆曲线成形面的加工方法；
⑤ 熟悉非圆曲线的参数方程；
⑥ 提升综合应用的思考能力；
⑦ 能根据零件图的要求合理编制加工程序；
⑧ 能够熟练掌握内孔的加工工艺；
⑨ 能够合理地选择内孔加工中的切削用量；
⑩ 能够熟练按照操作章程操作设备。

8.6.4　加工提示

1. 加工准备

高级数控车工操作技能考核综合实例 3 中零件的加工准备清单见表 8-12。

表 8-12　高级数控车工操作技能考核综合实例 3 中零件的加工准备清单

序号	名称	规格	数量	备注
1	千分尺	25~50 mm	1	
2	游标卡尺	0~150 mm	1	
3	螺纹千分尺	25~50 mm	1	
4	内径表	18~35 mm	1	
5	螺纹塞规	M24 mm×1.5 mm	1	
6	刀具	端面车刀	1	T01
7		外圆车刀	2	副偏角大于 30°,T02
8		内螺纹车刀	1	刀尖角 60°,T06
9		外切槽车刀	1	宽 5 mm,T03
10		内切槽车刀	1	宽 4 mm,T05
11		镗孔车刀	1	孔径 ϕ18 mm,T04
12		钻头	1	ϕ20 mm
13	其他辅具	若干垫刀片、油石等		
14		铜皮（厚 0.2 mm,宽 25 mm×长 60 mm）		
15		其他车工常用辅具		
16	材料	45 钢,ϕ50 mm×103 mm		
17	数控车床	CJK6140		
18	数控系统	FANUC-0i		

2. 加工方案

在加工该零件时,一般先加工左端,然后调头再加工右端。加工零件左端时,编程零点设置在零件左端面的轴心线上;加工零件右端时,编程零点设置在零件右端面的轴心线上。

（1）零件左端的加工步骤

① 装夹零件毛坯,伸出卡盘的长度为 50 mm;

② 钻孔($\phi16$ mm×40 mm);

③ 车端面;

④ 粗、精加工零件左端轮廓至尺寸要求;

⑤ 粗加工内孔;

⑥ 精加工内孔至尺寸要求;

⑦ 切内沟槽;

⑧ 粗、精加工内螺纹至尺寸要求;

⑨ 切槽(5 mm×2 mm)至尺寸要求;

⑩ 回参考点,加工结束。

（2）零件右端的加工步骤

① 装夹 $\phi46$ mm 外圆;

② 车端面,保证零件总长;

③ 粗加工零件右端轮廓;

④ 精加工零件右端轮廓至尺寸要求;

⑤ 切槽(4 mm×2 mm)至尺寸要求;

⑥ 回换刀点,加工结束。

8.6.5 参考程序

高级数控车工操作技能考核综合实例 3 中零件左端的参考加工程序如下:

```
O0001
N05 T0101 M03 S600 G0 X100 Z100
N10 G0 X52 Z0
N15 G1 X-1 F0.2
N20 G0 X100 Z100
N25 T0404
N30 G0 X19 Z2
N35 G71 U1 R1
N40 G71 P45 Q70 U-0.5 W0.1 F0.3
N45 G0 X24
N50 G1 Z0 F0.1
N55 X21 Z-1.5
N60 Z-27
```

N65 X20

N70 Z−37

N85 G0 X100 Z100

N90 M05

N95 M00

N100 M03 S1000 T0404

N105 G0 X19 Z2

N110 G70 P45 Q70

N115 G0 X100 Z100

N120 M05

N125 M00

N130 M03 S600 T0202

N135 G0 X52 Z2

N140 G71 U1 R1

N145 G71 P150 Q175 U0.5 W0.1 F0.3

N150 G0 X30

N155 G1 Z0 F0.1

N160 X34 Z−2

N165 Z−10.2

N170 G2 X46 Z−19.42 R11

N175 Z−45

N185 G0 X100 Z100

N190 M05

N195 M00

N200 M03 S1000 T0202

N205 G0 X52 Z2

N210 G70 P150 Q175

N215 G0 X100 Z100

N220 S400 T0505

N225 G0 X0

N230 Z−27

N235 G1 X24 F0.15

N240 G0 X0

N245 Z100

N250 X100

N255 S700 T0606

N260 G0 X20 Z2

N265 G92 X22.8 Z−25 F1.5

N270 X23.5

N275 X23.8

N280 X24

N285 G0 X100 Z100

N290 S400 T0303

N295 G0 X50 Z−30

N300 G1 X42 F0.15

N305 G0 X50

N310 Z−40

N315 G1 X42 F0.15

N320 G0 X100

N325 Z100

N330 M05

N335 M30

N235 G1 X24 F0.15

高级数控车工操作技能考核综合实例 3 中零件右端的参考加工程序如下：

O0002

N05 T0101 M03 S600 G0 X100 Z100

N10 G0 X52 Z0

N15 G1 X−1 F0.2

N20 G0 X100 Z100

N25 T0202

N30 G0 X52 Z2

N35 G73 U10 R15

N40 G73 P45 Q135 U0.5 W0.1 F0.3

N45 G0 X0

N50 G1 Z0 F0.1

N65 G65 H01 P#101 Q0

N70 G65 H31 P#102 Q26000 R#101

N75 G65 H32 P#103 Q20000 R#101

N80 G65 H03 P#104 Q#103 R20000

N85 G65 H02 P#101 Q#101 R1000

N90 G1 X#102 Q#104 F0.1

N95 G65 H85 P70 Q#104 R−12000

N100 G1 X34

N105 X38 Z−14

N110 Z−35

N115 X44

N120 X46 Z-36
N125 Z-56
N130 G0 U10
N135 X100 Z100
N140 T0303 S400
N145 G0 X50 Z-25
N150 G1 X34 F0.15
N155 G0 X100
N160 Z100
N185 M05
N290 M00
N295 M03 S1000 T0202
N300 G0 X52 Z2
N305 G70 P45 Q135
N310 G0 X100 Z100
N315 M05
N320 M30

参考文献

［1］王瑞鹏.数控机床编程与操作［M］.北京:机械工业出版社,2009.

［2］关雄飞.数控加工工艺与编程［M］.北京:机械工业出版社,2011.

［3］朱明松.数控车床编程与操作项目教程［M］.北京:机械工业出版社,2008.

［4］李桂云.数控机床加工实训［M］.北京:中国铁道出版社,2011.

［5］姬海瑞.数控编程与操作技能实训教程［M］.北京:清华大学出版社,2010.

［6］机械工业技师考评培训教材编审委员会.车工技师培训教材［M］.北京:机械工业出版社,2001.

［7］胡育辉,赵宏立,张宇.数控宏编程手册［M］.北京:化学工业出版社,2010.

［8］徐伟,苏丹.数控机床仿真实训［M］.北京:电子工业出版社,2009.

［9］赵长旭.数控加工工艺［M］.西安:西安电子科技大学出版社,2006.

［10］冯志刚.数控宏程序编程方法、技巧与实例［M］.2 版.北京:机械工业出版社,2011.

［11］石从继.数控加工工艺与编程［M］.武汉:华中科技大学出版社,2012.

［12］翟瑞波.数控加工工艺与编程［M］.北京:中国劳动社会保障出版社,2010.

附录

附录1　华中系统数控车床指令

1. 华中数控系统准备功能指令

华中数控系统准备功能指令见附表1。

附表1　华中数控系统准备功能指令一览表

G 代码	组	功能	格式
G00		快速定位	G00 X(U)__ Z(W)__ X、Z:绝对编程时,快速定位终点在工件坐标系中的坐标; U、W:增量编程时,快速定位终点相对于起点的位移量
√G01	01	直线插补	G01 X(U)__ Z(W)__ F__ X、Z:绝对编程时,终点在工件坐标系中的坐标; U、W:增量编程时,终点相对于起点的位移量; F:合成进给速度
		倒角加工	G01 X(U)__ Z(W)__ C__ G01 X(U)__ Z(W)__ R__ X、Z:绝对编程时,为未倒角前两相邻程序段轨迹的交点 G 的坐标值; U、W:增量编程时,为点 G 相对于起始直线轨迹的始点点 A 的移动距离; C:倒角终点 C 相对于相邻两直线的交点 G 的距离; R:倒角圆弧的半径值
G02		顺圆插补	G02 X(U)__ Z(W)__ $\left\{ \begin{matrix} I\!\!-\!\!K\!\!- \\ R\!\!- \end{matrix} \right\}$ F__ X、Z:绝对编程时,圆弧终点在工件坐标系中的坐标; U、W:增量编程时,圆弧终点相对于圆弧起点的位移量; I、K:圆心相对于圆弧起点的增加量,在绝对编程、增量编程时都以增量方式指定;在直径编程、半径编程时 I 都是半径值; R:圆弧半径; F:编程的两个轴的合成进给速度
G03		逆圆插补	G03 X(U)__ Z(W)__ $\left\{ \begin{matrix} I\!\!-\!\!K\!\!- \\ R\!\!- \end{matrix} \right\}$ F__ 参数含义同 G02

G 代码	组	功能	格式
G02(G03)	01	倒角加工	G02(G03) X(U)__ Z(W)__ R __ RL=__ G02(G03) X(U)__ Z(W)__ R __ RC=__ X、Z:绝对编程时,为未倒角前圆弧终点 G 的坐标值; U、W:增量编程时,为点 G 相对于圆弧始点 A 的移动距离; R:圆弧半径值; RL=:倒角终点 C 相对于未倒角前圆弧终点 G 的距离; RC=:倒角圆弧的半径值
G04	00	暂停	G04 P __ P:暂停时间,单位为秒
G20	08	英寸输入	G20 X __ Z __
√G21		毫米输入	G20 X __ Z __
G28	00	返回到参考点	G28 X __ Z __
G29		由参考点返回	G29 X __ Z __
G32	01	螺纹切削	G32 X(U)__ Z(W)__ R __ E __ P __ F __ X、Z:绝对编程时,有效螺纹终点在工件坐标系中的坐标; U、W:增量编程时,有效螺纹终点相对于螺纹切削起点的位移量; F:螺纹导程,即主轴每转一圈,刀具相对于工件的进给量; R、E:螺纹切削的退尾量,R 表示 Z 向退尾量;E 表示 X 向退尾量; P:主轴基准脉冲楚距离螺纹切削起点的主轴转角
√G36	17	直径编程	
G37		半径编程	
√G40	09	刀尖半径补偿取消	G40 G00(G01)X __ Z __ G41 G00(G01)X __ Z __ G42 G00(G01)X __ Z __ X、Z:建立刀补或取消刀补的终点,G41/G42 的参数由 T 代码指定
G41		左刀补	
G42		右刀补	
√G54	11	坐标系选择	
G55			
G56			
G57			
G58			
G59			

G 代码	组	功能	格式
G71	06	内(外)径粗车复合循环(无凹槽加工时)	G71 U(Δd) R(r) P(ns) Q(nf) X(Δx) Z(Δz) F(f) S(s) T(t) G71 U(Δd) R(r) P(ns) Q(nf) E(e) F(f) S(s) T(t) Δd:切削深度(每次切削量),指定时不加符号; r:每次退刀量;
		内(外)径粗车复合循环(有凹槽加工时)	ns:精加工路径第一程序段的顺序号; nf:精加工路径最后程序段的顺序号; x:X 方向精加工余量; z:Z 方向精加工余量; f、s、t:粗加工时,G71 中编程的 F、S、T 有效;精加工时,处于 ns 到 nf 序段之间的 F、S、T 有效; e:精加工余量,其为 X 方向的等高距离(外径切削时为正,内径切削时为负)
G72		端面粗车复合循环	G72 W(Δd) R(r) P(ns) Q(nf) X(Δx) Z(Δz) F(f) S(s) T(t) 参数含义同 G71
G73		闭环车削复合循环	G73 U(Δl) W(Δk) R(r) P(ns) Q(nf) X(Δx) Z(Δz) F(f) S(s) T(t) Δl:X 方向的粗加工总余量; Δk:Z 方向的粗加工总余量; r:粗切削次数; ns:精加工路径第一程序段的顺序号; nf:精加工路径最后程序段的顺序号; Δx:X 方向精加工余量; Δz:Z 方向精加工余量; f、s、t:粗加工时,G71 中编程的 F、S、T 有效;精加工时,处于 ns 到 nf 程序段之间的 F、S、T 有效
G76	06	螺纹切削复合循环	G76 C(c) R(r) E(e) A(a) X(x) Z(z) I(i) K(k) U(d) V($\Delta d_{\min}$) Q(Δd) P(p) F(l) c:精整次数(1~99)为模态值; r:螺纹 Z 向退尾长度(00~99),为模态值; e:螺纹 X 向退尾长度(00~99),为模态值; a:刀尖角度(二位数字)为模态值,在 80°、60°、55°、30°、29°、0°六个角度中选一个; x、z:绝对编程时为有效螺纹终点的坐标,增量编程时为有效螺纹终点相对于循环起点的有向距离; i:螺纹两端的半径差; k:螺纹高度; $\Delta d_{\min}$:最小切削深度; d:精加工余量(半径值); Δd:第一次切削深度(半径值); p:主轴基准脉冲处距离切削起始点的主轴转角; l:螺纹导程
G80		圆柱面内(外)径切削循环	G80 X __ Z __ F __
		圆锥面内(外)径切削循环	G80 X __ Z __ I __ F __ I:切削起点 B 与切削终点 C 的半径差

G 代码	组	功能	格式
G81		端面车削固定循环	G81 X __ Z __ F __
G82	06	直螺纹切削循环和锥螺纹切削循环	G82 X __ Z __ R __ E __ C __ P __ F __ G82 X __ Z __ I __ R __ E __ C __ P __ F __ R、E:螺纹切削的退尾量,R、E 均为向量,R 为 Z 向回退量,E 为 X 向回退量,R、E 可以省略,表示不用回退功能; C:螺纹头数,其值为 0 或 1 时,表示切削单头螺纹; P:单头螺纹切削时,为主轴基准脉冲处距离切削起始点的主轴转角(缺省值为 0),多头螺纹切削时,为相邻螺纹头的切削起始点之间对应的主轴转角; F:螺纹导程; I:螺纹起点 B 与螺纹终点 C 的半径差
√G90	13	绝对编程	
G91		相对编程	
G92	00	工件坐标系设定	G92 X __ Z __
√G94	14	每分钟进给速率	G94[F __]
G95		每转进给量	G95[F __] F:进给速度
G96	16	恒定线速度切削	G96 S __ G97 S __
G97			S:G96 后面的 S 值为切削的恒定线速度,单位为 m/min; G97 后面的 S 值为取消恒定线速度后指定的主轴转速,单位为 r/min,如缺省,则执行 G96 指令前的主轴转速度

注:表中√表示机床默认状态。

2. 华中数控系统辅助功能指令

华中数控系统辅助功能指令说明见附表 2。

附表 2 华中数控系统辅助功能指令

代码	模态	功能	格式
M00	非模态	程序停止	
M02	非模态	程序结束	
M03	模态	主轴正转启动	
M04	模态	主轴反转启动	
M05	模态	主轴停止转动	
M06	模态	换刀指令(铣)	M06 T __
M07	模态	切削液开启(铣)	
M08	模态	切削液开启(车)	
M09	模态	切削液关闭	

代码	模态	功能意义	格式
M30	非模态	结束程序运行且返回程序开头	
M98	非模态	子程序调用	M98 P＿ L＿ 调用程序号为 O＿程序的次数
M99	非模态	子程序结束	O＿ … … … … … M99

附录 2 数控车床安全操作规程

1. 准备工作

① 工作前按规定穿戴好劳动防护用品(工作服、安全鞋、安全帽及防护镜),扎好袖口,严禁戴围巾、手套、领带或敞开衣服操作车床。

② 注意检查或更换磨损坏了的车床导轨上的油擦板。

③ 检查冷却液的状态,及时添加(减少时)或更换(变质时)。

④ 认真检查润滑系统工作是否正常,如车床长时间未运行,可先采用手动方式向各部分供油润滑,并注意及时添加润滑油。

⑤ 检查数控车床各部件机构是否完好,各按键是否能自动复位,电气控制是否正常,各开关、手柄位置是否在规定的位置上。

⑥ 每次电源接通后,必须先完成各轴的返回参考点操作,再选择其他运行方式,以确保各轴坐标的正确性。

⑦ 车床开始工作前要预热,每次开机后应先低速运行 3~5 min,查看各部分运转是否正常。车床开机时应遵循"先回零(有特殊要求的除外),再进行手动、点动、自动"的原则。车床运行应遵循"先低速,再中速,最后高速"的原则,其中低速、中速的运行时间不得少于 3 min。当确定无异常情况后,方可开始工作。

⑧ 检查毛坯尺寸、形状有无缺陷,选择合理的零件安装方法,正确选用车削刀具,安装零件和刀具要保证准确牢固。

⑨ 加工工件前,必须进行加工模拟或试运行,严格检查、调整加工原点、刀具参数、加工参数、运动轨迹,并将工件清理干净,应特别注意工件装夹时要夹牢,以免工件飞出造成事故。完成工件装夹后,要注意将卡盘扳手及其他调整工具取出,以免主轴旋转后甩出造成事故。

⑩ 车床开动前,必须关好车床防护门。

2. 工作过程中的安全注意事项

① 禁止用手接触刀尖和铁屑,铁屑必须用铁钩或毛刷清理。若出现长铁屑,禁止用手清除,必须用铁勾消除。

② 禁止用手或其他任何方式接触正在旋转的主轴、工件或其他运动部位。

③ 禁止在加工过程中测量、变速,更不能用棉纱擦拭工件,也不能清扫机床。

④ 车床运转中,操作者不得离开岗位,禁止将脚放在床面、丝杠、托板以及床身油盘上;注意观察车床的运行情况,如有异响、异状或传动系统出现故障,应立即按下【急停】按键,将车刀退出,并及时向老师报告。断电后重新启动运行程序时,应先将刀具返回机床参考点。

⑤ 加工过程中,发生异常现象或故障时,应立即停机排除,或通知维修人员检修;如出现危急情况,可按下【急停】按键,以确保人身和设备的安全。

⑥ 在加工过程中,禁止打开车床的防护门。

⑦ 刀架在轴向位移时,严禁切断电源,以免损坏零件。

⑧ 车床在正常运行时,禁止打开电气柜的门。

3. 工作完成后的注意事项

① 将尾座和拖板移至床尾位置,依次关掉车床操作面板上的电源和总电源。

② 整理刀具、量具,并归类放置,清除切屑,擦拭车床,使车床与环境保持清洁状态。

③ 认真执行交接班制度,并填写交接记录本,做好文明生产。

4. 其他注意事项

① 严格遵守岗位责任制,车床由专人使用,他人使用须经本人同意。

② 按动按键时用力应适度,不得用力拍打键盘和显示器。

③ 禁止敲打中心架、顶尖、刀架、导轨、主轴等部件,严禁在卡盘上、顶尖间敲打、矫直和修正工件。

④ 不要在数控车床周围放置障碍物,工作空间应足够大。

⑤ 更换保险丝之前应关掉车床电源,严禁用手接触电动机、变压器、控制板等有高压电源的部件。

⑥ 上机操作前应熟悉数控车床的操作说明书,数控车床的开机、关机顺序必须按照车床说明书的规定操作。

⑦ 手动对刀时,应注意选择合适的进给速度;手动换刀时,刀架与工件之间要有足够的转位距离,以免发生碰撞。

⑧ 操作者在工作中更换刀具、工件,调整工件或离开机床时必须停机。

⑨ 使用的刀具应与车床允许的规格相符,严重破损的刀具要及时更换。

⑩ 检查大尺寸轴类零件的中心孔是否合适,若中心孔太小,则在工作中易发生危险。

⑪ 刀具安装好后应进行 1 次或 2 次试切削。

⑫ 操作者不得任意拆卸和移动车床上的保险和安全防护装置。

⑬ 工件伸出车床的长度超过 100 mm 时,须在伸出位置设防护物。

⑭ 车床附件和量具、刀具应妥善保管,使其保持完整与良好。

⑮ 做好车床数据备份,操作者严禁修改车床内部参数,必要时必须通知设备管理员,请设备管理员修改。

⑯ 禁止采用压缩空气清洗车床、电气柜及 NC 单元。

附录3　数控车床的日常保养

数控车床的日常保养见附表3。

附表3　数控车床的日常保养

序号	检查周期	检查部位	检查要求
1	每天	导轨润滑油箱	检查油量是否充足,及时添加润滑油;检查润滑泵是否定时启动、停止
2	每天	主轴润滑恒温油箱	检查油箱是否正常工作,油量是否充足,温度范围是否合适
3	每天	车床液压系统	检查油箱油泵有无异常噪声,压力表指示是否正常,管路接头有无漏油现象
4	每天	压缩空气气源压力	检查气动控制系统的压力是否在正常范围内
5	每天	气源自动分水滤气器和自动空气干燥器	及时清理分水滤气器中滤出的水分,检查自动空气干燥器是否正常工作
6	每天	气源转换器和增压器的油面	检查油量是否充足,若不足,则及时补充
7	每天	X、Y、Z轴导轨面	清除金属屑和脏物,检查导轨面有无划伤和损坏、润滑是否充分
8	每天	液压平衡系统	检查平衡系统的压力指示是否正常,快速移动时平衡阀工作是否正常
9	每天	防护装置	检查导轨、机床防护罩是否齐全,防护罩移动是否正常
10	每天	电器柜通风散热装置	检查各电器柜中散热风扇是否正常工作,风道滤网有无堵塞
11	每周	电器柜过滤器、滤网	检查过滤网、管网上是否黏附尘土,如有,应及时清理
12	不定期	冷却油箱	检查油箱的液面高度是否正常,及时添加冷却液;冷却液太脏时,应及时更换和清洗箱体及过滤器
13	不定期	废液池	及时处理积存的废液,避免溢出
14	不定期	排屑器	经常清理切屑,检查有无卡塞等现象
15	半年	检查传动皮带	按车床说明书的要求调整皮带的松紧程度

序号	检查周期	检查部位	检查要求
16	半年	各轴导轨上的镶条压紧轮	按车床说明书的要求调整松紧程度
17	一年	检查或更换直流伺服电机	检查换向器表面,去除毛刺,吹干净碳粉,及时更换磨损过短的碳刷
18	一年	液压油路	清洗溢流阀、液压阀、滤油器、油箱,更换液压油
19	一年	主轴润滑、润滑油箱	清洗过滤器、油箱,更换润滑油
20	一年	润滑油泵、过滤器	清洗润滑油池
21	一年	滚珠丝杆	清洗滚珠丝杆上的润滑脂,添加新的润滑脂